机工工控

微课视频版 · 新形态图书

U0151208

EPLAN Electric P8 2022

电气设计完全实例教程

闫少雄　赵健　王敏◎编著

机械工业出版社
CHINA MACHINE PRESS

本书以新版 EPLAN Electric P8 2022 为基础平台,以需求为导向,根据实际电气设计项目中需要关注的技术难点进行介绍和讲解,全书用 30 个 EPLAN 实际工程设计项目,将 EPLAN 的相关技术和作者设计经验全面融于项目实施过程中,切实提升读者的设计能力。

本书共 6 章,涵盖电气元件绘制、电气单元绘制、机械电气工程图设计、控制电气工程图设计、电力电气工程图设计及建筑电气工程图设计领域的实例。每一个实例都有详细的操作图示、文字说明、思路分析及操作视频,使读者在学习实例的基础上全面掌握 EPLAN 知识要点,做到融会贯通。本书附赠所有实例的源文件、二维码视频讲解文件以及 EPLAN 工程源文件。

本书适合高等院校和职业院校电气相关专业学生和 EPLAN 电气爱好者作为自学辅导教材,也可以作为电气设计工程技术人员的参考资料。

图书在版编目(CIP)数据

EPLAN Electric P8 2022 电气设计完全实例教程/闫少雄,赵健,王敏编著 . —北京:机械工业出版社,2022.10(2025.2 重印)
ISBN 978-7-111-71560-3

Ⅰ. ①E… Ⅱ. ①闫… ②赵… ③王… Ⅲ. ①电气设备-计算机辅助设计-应用软件-教材 Ⅳ. ①TM02-39

中国版本图书馆 CIP 数据核字(2022)第 165550 号

机械工业出版社(北京市百万庄大街 22 号 邮政编码 100037)
策划编辑:尚 晨   责任编辑:尚 晨
责任校对:张艳霞   责任印制:郜 敏
中煤(北京)印务有限公司印刷

2025 年 2 月第 1 版·第 5 次印刷
184mm×260mm·15.25 印张·374 千字
标准书号:ISBN 978-7-111-71560-3
定价:79.00 元

电话服务   网络服务
客服电话:010-88361066   机 工 官 网:www.cmpbook.com
          010-88379833   机 工 官 博:weibo.com/cmp1952
          010-68326294   金 书 网:www.golden-book.com
封底无防伪标均为盗版   机工教育服务网:www.cmpedu.com

前　　言

电气工程图用来阐述电气工程的构成和功能，描述电气装置的工作原理，提供安装、维护和使用的信息，辅助电气工程研究和指导电气工程施工等。电气工程图一方面可以根据功能和使用场合分为不同的类别，另一方面各种类别的电气工程图都有某些联系和共同点，不同类别的电气工程图适用于不同的场合，其表达工程含义的侧重点也不尽相同。对于不同专业和在不同场合下，按照同一种用途绘成的电气工程图，不仅在表达方式与方法上必须是统一的，而且在图的分类与属性上也应该一致。

EPLAN 工程中心是一个控制中心，它建立了机械、电气和控制工程和文档之间的桥梁。一个模块化的系统和控制系统允许管理机械和设备安装之间存在不同的变量。能够实现独立的管理并且自动配置机器特殊要求的文档。EEC 增强了质量并且允许数据重复使用，降低了错误的风险。

EPLAN 公司多年来致力于实现统一的数字化方案，EPLAN Electric P8 2022 版本特别针对这一主题进行了重大更新。EPLAN Electric P8 2022 提供了开创性的新功能，更新内容几乎涵盖所有软件功能范围和设计流程步骤。

EPLAN 平台软件以 EPLAN Electric P8 2022 为基础平台，实现跨专业的工程设计。平台软件包括 EPLAN Electric P8 2022、EPLAN Cogineer、EPLAN Pro Panel、EPLAN Data Portal、EPLAN Fluid、EPLAN Preplanning、EPLAN Harness ProD。在不同的专业领域中使用不同的平台进行设计。

本书分为 6 章，包括电气元件绘制、电气单元绘制、机械电气工程图设计、控制电气工程图设计、电力电气工程图设计和建筑电气工程图设计实例。通过对实例的讲解，由浅入深、由易到难地介绍 EPLAN 电气设计过程中的常用功能和操作技巧，帮助读者掌握电气工程图的设计方法。

本书随书配送丰富的多媒体数字资料，包含全书所有实例的源文件和全部实例的操作过程二维码录屏讲解文件以及 EPLAN 工程源文件，帮助读者轻松自在、形象直观地学习 EPLAN。

为便于读者阅读和理解，本书仿真电路图中的图形符号均保留书中所用 EPLAN 软件所生成的图形。部分图中的文字为 EPLAN 系统自动添加的标注说明，读者可结合附赠电子资源中的源文件进行阅读。

本书由中国电子科技集团公司第五十四研究所的闫少雄和洛阳职业技术学院的赵健院长编写，其中闫少雄编写了第 1~3 章，赵健编写了第 4~6 章。此外，王敏参加了部分章节的编写与整理工作。

由于编者水平有限，书中不足之处在所难免，望广大读者批评指正，编者将不胜感激。

编　者

目　　录

第1章　电气元件绘制

本章通过对基本电气设计符号的绘制，介绍 EPLAN Electric P8 2022 中文版的基本命令。

本章由于是基本功能，所以讲解尽量详细。通过本章的学习，读者可以初步建立对 EPLAN 绘图的感性认识，掌握各种基本绘图和编辑命令的使用方法。

实例1

实例 1　搅拌器符号

本例绘制的搅拌器符号如图 1-1 所示。

 思路分析

本例首先利用"直线"命令、"折线"命令绘制搅拌器，首先利用"折线"绘制底部，再利用"直线"命令捕捉折线中点绘制竖直直线。

图 1-1　搅拌器符号

 知识要点

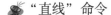 "直线"命令

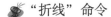 "折线"命令

 绘制步骤

1. 配置绘图环境

1）创建符号库。选择菜单栏中的"工具"→"主数据"→"符号库"→"新建"命令，弹出"创建符号库"对话框，在"文件名"文本框中输入文件名称"ELC_Library"，如图 1-2 所示，新建一个名为"ELC_Library"的符号库。

2）单击"保存"按钮，弹出如图 1-3 所示的"符号库属性"对话框，显示栅格属性，可以设置栅格大小，默认值为 1.00 mm。单击"确定"按钮，关闭对话框。

🔔 注意

虽然 EPLAN Electric P8 2022 提供了丰富的符号库资源，但是在实际的电路设计中，由于元件制造技术的不断更新，有些特定的元件仍需自行制作。根据项目的需要，建立基于该项目的符号库，有利于在以后的设计中更加方便快速地调入元件符号。

2. 创建符号文件

1）设置变量。选择菜单栏中的"工具"→"主数据"→"符号"→"新建"命令，弹出"生成变量"对话框，目标变量选择"变量 A"，如图 1-4 所示，单击"确定"按钮，弹出"符号属性"对话框，在该对话框中设置下面的参数。

图 1-2　"创建符号库"对话框

图 1-3　"符号库属性"对话框

图 1-4　"生成变量"对话框

- 在"符号编号"文本框中默认符号编号为 0；
- 在"符号名"文本框中命名符号名 jiaobanqi；
- 在"符号类型"文本框中默认选定的"功能"类型；
- 在"功能定义"文本框中单击"..."按钮，弹出"功能定义"对话框，选择"搅拌器，可变"，如图 1-5 所示；
- 在"连接点"文本框中定义连接点为 3。

设置结果如图 1-6 所示，单击"确定"按钮，进入符号编辑环境，绘制符号外形。

2）栅格显示。单击状态栏中的"开/关捕捉到栅格"按钮 🔳，启用"捕捉到栅格点"方式，捕捉栅格点。单击状态栏中的"栅格"按钮 🔡，栅格尽量选择 C，以免在后续的电气图绘制时插入该符号而不能自动连线。单击状态栏中的"开/关捕捉到对象"按钮 🔳 和"开/关捕捉到栅格"按钮 🔳，捕捉特殊点。

3）绘制折线。单击"插入"选项卡的"图形"面板中的"折线"按钮 ∧，光标变成交叉

图 1-5 "功能定义"对话框

图 1-6 "符号属性"对话框

形状并附带折线符号w，移动光标到坐标原点，单击鼠标左键确定折线的起点，多次单击确定多个固定点，单击空格键完成当前折线的绘制，绘制结果如图 1-7 所示。

4）绘制直线。单击"插入"选项卡的"图形"面板中的"直线"按钮▱，绘制竖直直线，结果如图 1-8 所示。通常采用两点确定一条直线的方式绘制直线，第一个端点可由光标拾取或者在编辑框中输入绝对或相对坐标，第二个端点可按同样的方式输入。

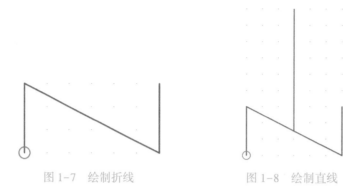

图 1-7 绘制折线   图 1-8 绘制直线

🐾 功能详解——直线

【执行方式】

- 菜单栏：选择菜单栏中的"插入"→"图形"→"直线"命令。
- 功能区：单击"插入"选项卡的"图形"面板中的"直线"按钮▱。
- 快捷命令：选择右键菜单中的"插入图形"→"直线"命令。

【选项说明】

双击直线，系统将弹出相应的"属性（直线）"对话框，如图 1-9 所示。

图 1-9 "属性（直线）"对话框

在该对话框中可以对直线的坐标、线宽、类型和颜色等属性进行设置。

（1）"直线"选项组

在该选项组下输入直线的起点、终点的 X 坐标和 Y 坐标。在"起点"选项下勾选"箭头显示"复选框，直线的一段显示箭头，如图 1-10 所示。

直线的表示方法可以是(X,Y)，也可以是(A<L)，其中，A 是直线角度，L 是直线长度。因此直线的显示属性下还包括"角度"与"长度"选项。

图 1-10　起点显示箭头

（2）"格式"选项组

- 线宽：用于设置直线的线宽。下拉列表中显示固定值，包括 0.05 mm、0.13 mm、0.18 mm、0.20 mm、0.25 mm、0.35 mm、0.40 mm、0.50 mm、0.70 mm、1.00 mm、2.00 mm 这 11 种线宽供用户选择。
- 颜色：单击该颜色显示框，用于设置直线的颜色。
- 隐藏：控制直线的隐藏与否。
- 线型：用于设置直线的线型。
- 式样长度：用于设置直线的式样长度。
- 线端样式：用于设置直线截止端的样式。
- 层：用于设置直线所在层。
- 悬垂：勾选该复选框，则自动从线宽中计算悬垂。

功能详解——折线

【执行方式】

- 菜单栏：选择菜单栏中的"插入"→"图形"→"折线"命令。
- 功能区：单击"插入"选项卡的"图形"面板中的"折线"按钮。
- 快捷命令：选择右键菜单中的"插入图形"→"折线"命令。

【选项说明】

1）在折线绘制过程中，如果绘制多边形，则自动在第一个点和最后一个点之间绘制连接，如图 1-11 所示。

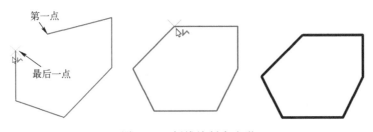

第一点

最后一点

图 1-11　折线绘制多边形

2）折线也可用垂线或切线。在折线绘制过程中，单击鼠标右键，选择"垂线"命令或"切线"命令，放置垂线或切线。

3）编辑折线结构段。选中要编辑的折线，此时，折线高亮显示，同时在折线结构段的角点和中心上显示小方块，如图 1-12 所示。通过单击鼠标左键将其角点或中心拉到另一个位置。将折线进行变形或增加结构段数量，如图 1-13 和图 1-14 所示。

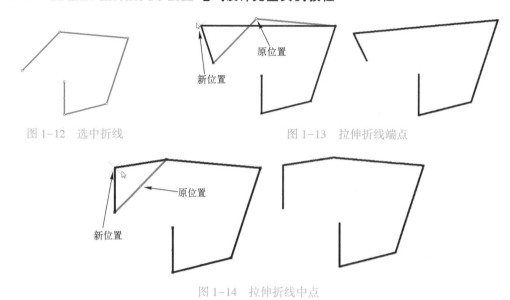

图 1-12　选中折线　　　　　　　　图 1-13　拉伸折线端点

图 1-14　拉伸折线中点

4）设置折线属性。双击折线，系统将弹出相应的"属性（折线）"对话框，如图 1-15 所示。

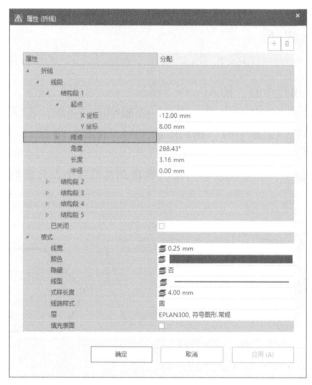

图 1-15　"属性（折线）"对话框

在该对话框中可以对折线的坐标、线宽、类型和折线的颜色等属性进行设置。

【选项说明】

（1）"折线"选项组

折线是由一个个结构段组成，在该选项组下输入折线结构段的起点、终点的 X 坐标和 Y

坐标、角度、长度和半径。

- 在结构段 1 中"半径"文本框中输入 10 mm，结构段 1 显示半径为 10 的圆弧，如图 1-16 所示。同样任何一段结构段均可以设置半径转换为圆弧。
- 勾选"已关闭"复选框，自动连接折线的起点、终点，闭合图形，如图 1-17 所示。

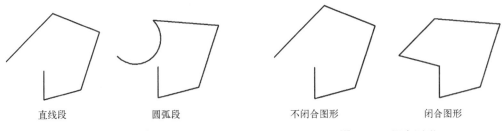

直线段　　　　　　圆弧段　　　　　　　　不闭合图形　　　　　　闭合图形

图 1-16　显示圆弧　　　　　　　　　　　图 1-17　闭合图形

（2）"格式"选项组

- 线宽：用于设置折线的线宽。下拉列表中显示固定值，包括 0.05 mm、0.13 mm、0.18 mm、0.20 mm、0.25 mm、0.35 mm、0.40 mm、0.50 mm、0.70 mm、1.00 mm、2.00 mm 这 11 种线宽供用户选择。
- 颜色：单击该颜色显示框，用于设置折线的颜色。
- 隐藏：控制折线的隐藏与否。
- 线型：用于设置折线的线型。
- 式样长度：用于设置折线的式样长度。
- 线端样式：用于设置折线截止端的样式。
- 层：用于设置折线所在层。
- 填充表面：勾选该复选框，则填充折线表面。

实例 2　外壳符号

实例 2

本例绘制的外壳符号如图 1-18 所示。

 思路分析

本例主要先利用"矩形"命令、"圆弧"命令进行图形绘制，然后利用"修剪"命令修剪图形，最后利用"组合"命令创建组合图形，完成图形的绘制。

图 1-18　外壳符号

 知识要点

- "长方形"命令
- "圆弧"命令
- "修剪"命令
- "组块"命令

绘制步骤

1. 创建符号文件

选择菜单栏中的"工具"→"主数据"→"符号"→"新建"命令，弹出"生成变量"对话框，目标变量选择"变量 A"，单击"确定"按钮，弹出"符号属性"对话框，在该对话框中"符号名"文本框中命名符号名"waike"，在"功能定义"文本框中选择"容器"，单击"确定"按钮，进入符号编辑环境，绘制符号外形。

2. 绘制长方形

"长方形"命令有通过角点、通过圆心方式。其中最常用的是通过角点方式。

单击"插入"选项卡的"图形"面板中的"长方形"按钮□，这时光标变成交叉形状并附带长方形符号▣，移动光标到需要放置"长方形"的起点处，在原点单击确定长方形的中心点，在编辑框内输入（200 100），单击鼠标左键确定角点，绘制一个长为 200 mm、宽为 100 mm 的矩形，如图 1-19 所示。单击右键选择"取消操作"命令或按〈Esc〉键，长方形绘制完毕，退出当前长方形的绘制。

图 1-19　长方形绘制

3. 绘制左右两端半圆弧

绘制圆弧有多种方式，最常见的一种是指定三点绘制圆弧，第一点和第三点分别为圆弧的起点和终点，第二点用来联立求解圆弧的圆心和半径。

单击"插入"选项卡的"图形"面板中的"圆弧通过三点"按钮C，这时光标变成交叉形状并附带圆弧符号C。单击鼠标左键第 1 次确定圆弧的起点，如图 1-20 所示。第 2 次确定圆弧的终点，如图 1-21 所示。第 3 次确定圆弧的半径，绘制一段圆弧，如图 1-22 所示。

🔔 注意

绘制圆弧时，需要注意指定合适的端点或圆心，指定端点的时针方向即为绘制圆弧的方向。

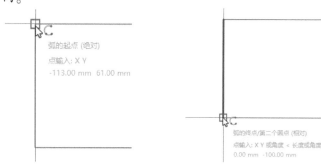

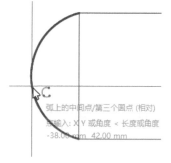

图 1-20　捕捉圆弧起点　　　图 1-21　捕捉圆弧终点　　　图 1-22　捕捉圆弧中间点

采用同样的方法绘制右侧的圆弧，效果如图 1-23 所示。

4. 修剪矩形

单击"编辑"选项卡"图形"面板中的"修剪"按钮✂，修剪矩形左右两侧的两条边，效果如图 1-24 所示。

🔔 注意

"组合"命令是 EPLAN Electric P8 2022 中很有特色的一个命令，当设计者需要对整体图形对象和块中的直线、圆弧等基本图形元素进行操作时，就要调用"组合"命令。

5. 图形组块

"组块"命令是将所选择的基本图形元素生成一个整体，便于图形的整体操作。

选择整个图形，单击"编辑"选项卡下"块"面板中的"组块"按钮 🖵，单独的线条元素将变为一个整体图符，创建的效果如图 1-25 所示。

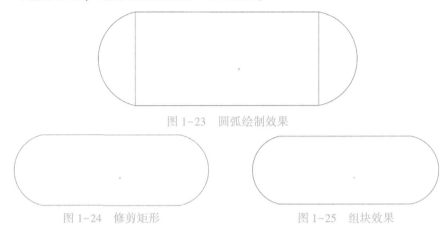

图 1-23　圆弧绘制效果

图 1-24　修剪矩形　　　　　　　　　图 1-25　组块效果

🌀 功能详解——圆弧

圆上任意两点间的部分叫弧。

1. 通过中心点定义圆弧

【执行方式】

- 菜单栏：选择菜单栏中的"插入"→"图形"→"圆弧通过中心点"命令。
- 功能区：单击"插入"选项卡的"图形"面板中的"其他"按钮 ⋤，在弹出"图形"的面板"曲线"栏中选择"圆弧通过中心点"按钮 ↺。
- 快捷命令：选择右键菜单中的"插入图形"→"圆弧通过中心点"命令。

【操作步骤】

执行上述命令，这时光标变成交叉形状并附带圆弧符号 ↺。

移动光标到需要放置圆弧的位置处，单击鼠标左键第 1 次确定弧的圆心，第 2 次确定圆弧的半径，第 3 次确定圆弧的起点，第 4 次确定圆弧的终点，从而完成圆弧的绘制。单击右键选择"取消操作"命令或按〈Esc〉键，圆弧绘制完毕，退出当前圆弧的绘制，如图 1-26 所示。

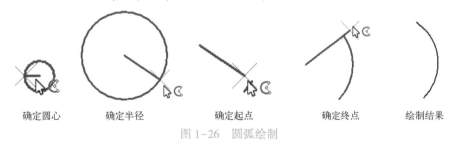

确定圆心　　　确定半径　　　　确定起点　　　　确定终点　　　绘制结果

图 1-26　圆弧绘制

2. 通过三点定义圆弧

【执行方式】

- 菜单栏：选择菜单栏中的"插入"→"图形"→"圆弧通过三点"命令。

- 功能区：单击"插入"选项卡的"图形"面板中的"其他"按钮 ⋻，在弹出"图形"的面板"曲线"栏中选择"圆弧通过三点"按钮C。
- 快捷命令：选择右键菜单中的"插入图形"→"圆弧通过三点"命令。

【选项说明】

（1）设置圆弧属性

双击圆弧，系统将弹出相应的"属性（弧/扇形/圆）"对话框，如图1-27所示。

图1-27 圆弧的"属性（弧/扇形/圆）"对话框

在该对话框中可以对圆弧的坐标、线宽、类型和颜色等属性进行设置。

1）"弧/扇形/圆"选项组。在该选项组下输入圆的中心的X坐标和Y坐标，起始角、终止角、半径。

- 起始角与终止角为可以设置，可选择0°、45°、90°、135°、180°、-45°、-90°、-135°，起始角与终止角的差值为360°的情况绘制的图形为圆，设置起始角与终止角分别为0°、90°，显示如图1-26所示的圆弧。
- 勾选"扇形"复选框，封闭圆弧，显示扇形，如图1-26所示。

2）"格式"选项组。圆弧其余设置属性与折线属性相同，这里不再赘述。

（2）切线弧

圆弧也可用切线圆弧。在圆弧绘制过程中，单击鼠标右键，选择"切线"命令，绘制切线圆弧。

（3）编辑圆弧

选中要编辑的圆弧，此时，圆弧高亮显示，同时在圆弧的端点和中心点上显示小方块，如图1-28所示。通过单击鼠标左键将其端点和中心点拉到另一个位置，将圆弧进行变形。

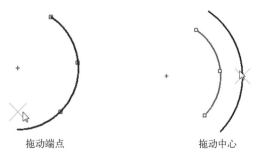

拖动端点　　　　拖动中心

图1-28 编辑圆弧

功能详解——修剪

【执行方式】

- 菜单栏：选择菜单栏中的"编辑"→"图形"→"修剪"命令。
- 功能区：单击"编辑"选项卡"图形"面板中的"修剪"按钮 。

【操作步骤】

选择一个对象后，该对象会被修剪。

功能详解——组块

【执行方式】

- 菜单栏：选择菜单栏中的"编辑"→"其他"→"组块"命令。
- 功能区：单击"编辑"选项卡"块"面板中的"组块"按钮 。

【操作步骤】

执行上述操作，将选中的图形对象组合成一个块。

实例 3　电流互感器符号

本例绘制的电流互感器符号如图 1-29 所示。

思路分析

本例主要先利用"圆"命令、"直线"命令进行图形绘制，最后利用"多重复制"命令复制图形，完成图形的绘制。

图 1-29　电流互感器符号

知识要点

- "圆"命令
- "多重复制"命令

绘制步骤

1. 创建符号文件

1）选择菜单栏中的"工具"→"主数据"→"符号"→"新建"命令，弹出"生成变量"对话框，目标变量选择"变量 A"，单击"确定"按钮，弹出"符号属性"对话框，在该对话框中"符号名"文本框中命名符号名"CT"，在"功能定义"文本框中单击"…"按钮，弹出"功能定义"对话框，选择"变频器，可变"，如图 1-30 所示；单击"确定"按钮，进入符号编辑环境。

打开"栅格 C"，启用"开/关捕捉到栅格点"方式，捕捉栅格点。

2）单击"插入"选项卡的"图形"面板中的"圆"按钮 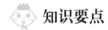，在(0,0)处捕捉栅格点，单击鼠标左键确定圆心，在编辑框中输入 5，按下〈Enter〉键，绘制半径为 5 的圆，如图 1-31 所示。

3）单击"插入"选项卡的"图形"面板中的"直线"按钮 ，过圆心绘制一条竖直向下直线，相对坐标为（0 7）、（0 -14），结果如图 1-32 所示。

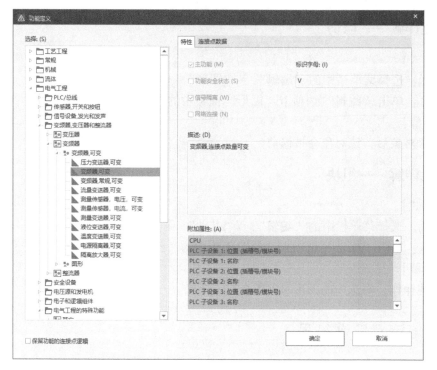

图 1-30 "功能定义"对话框

图 1-31 绘制圆

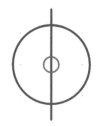

图 1-32 绘制直线

2. 复制图形

1) 单击"编辑"选项卡的"图形"面板中的"多重复制"按钮 ⬛⬛，向外拖动元件，输入（12 0），确定复制的元件方向与间隔，单击确定第一个复制对象位置后，系统将弹出如图 1-33 所示的"多重复制"对话框。

2) 在"多重复制"对话框中，在"数量"文本框中输入 2，即复制后元件个数为"2（复制对象）+1（源对象）"。单击"确定"按钮，结果如图 1-34 所示。

图 1-33 "多重复制"对话框

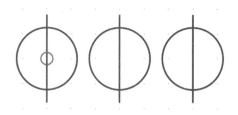

图 1-34 复制元件

3. 绘制连接点

1）选择菜单栏中的"插入"→"连接点上"命令，按住〈Tab〉键，旋转连接点方向，单击确定连接点位置，弹出"连接点"对话框，默认连接代号为1，单击"确定"按钮，关闭对话框，如图1-35所示。

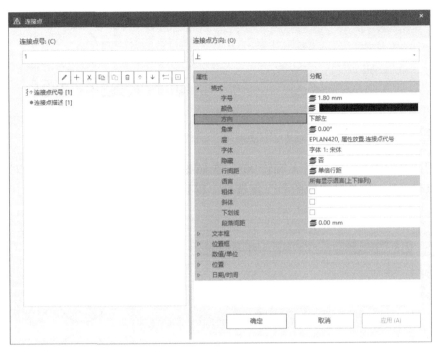

图1-35　"连接点"对话框

2）继续放置其余连接点，一共放置6个连接点，结果如图1-36所示。

4. 绘制其余变量

1）生成变量B。单击"编辑"选项卡的"符号"面板中的"新变量"按钮，弹出"生成变量"对话框，选择"变量B"，如图1-37所示，单击"确定"按钮，弹出"生成变量"对话框，在"源变量"选择"变量A"，在"旋转绕"选择"90°"，勾选"旋转连接点代号"复选框，如图1-38所示。将变量A旋转90°得到变量B，结果如图1-39所示。

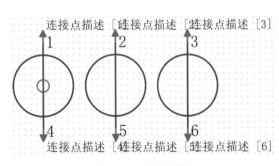

图1-36　绘制连接点

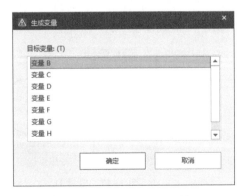

图1-37　"生成变量"对话框1

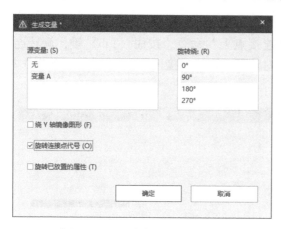

图 1-38 "生成变量"对话框 2

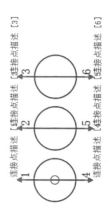

图 1-39 变量 B

2）使用同样的方法，将变量 A 旋转 90°，在如图 1-40 所示的"生成变量"对话框中勾选"旋转连接点代号""绕 Y 轴镜像图形"复选框，得到变量 C，如图 1-41 所示。

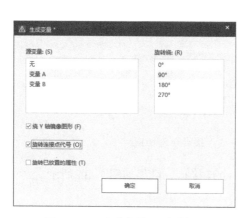

图 1-40 "生成变量"对话框 3

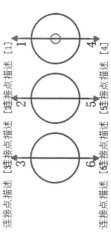

图 1-41 变量 C

3）将变量 A 旋转 180°，勾选"旋转连接点代号"复选框，得到变量 D，如图 1-42 所示。

4）将变量 A 旋转 180°，勾选"旋转连接点代号""绕 Y 轴镜像图形"复选框，得到变量 E，如图 1-43 所示。

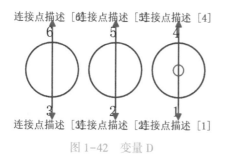

图 1-42 变量 D

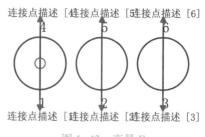

图 1-43 变量 E

5）将变量 A 旋转 270°，勾选"旋转连接点代号"复选框，得到变量 F，如图 1-44 所示。

6）将变量 A 旋转 270°，勾选 "旋转连接点代号""绕 Y 轴镜像图形" 复选框，得到变量 G，如图 1-45 所示。

7）将变量 A 旋转 0°，勾选 "旋转连接点代号""绕Y 轴镜像图形" 复选框，得到变量 H，如图 1-46 所示。

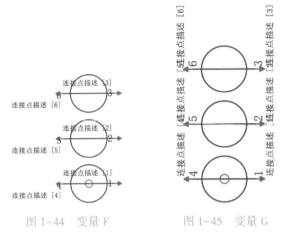

图 1-44　变量 F　　　　图 1-45　变量 G

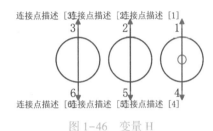

图 1-46　变量 H

◉ 功能详解——圆

圆是圆弧的一种特殊形式。圆的绘制包括两种方法：通过圆心和半径定义圆和通过三点定义圆。

1. 通过圆心和半径定义圆

【执行方式】

- 菜单栏：选择菜单栏中的 "插入" → "图形" → "圆" 命令。
- 功能区：单击 "插入" 选项卡的 "图形" 面板中的 "圆" 按钮⊙。
- 快捷命令：选择右键菜单中的 "插入图形" → "圆" 命令。

【操作步骤】

执行上述命令，这时光标变成交叉形状并附带圆符号⊙，移动光标到需要放置圆的位置处，单击鼠标左键第 1 次确定圆的中心，第 2 次确定圆的半径，从而完成圆的绘制。单击右键选择 "取消操作" 命令或按〈Esc〉键，圆绘制完毕，退出当前圆的绘制，如图 1-47 所示。

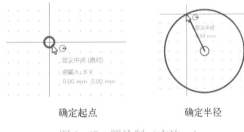

确定起点　　　　确定半径

图 1-47　圆绘制（方法一）

2. 通过三点定义圆

【执行方式】

- 菜单栏：选择菜单栏中的 "插入" → "图形" → "圆通过三点" 命令。
- 功能区：单击 "插入" 选项卡的 "图形" 面板中的 "其他" 按钮▼，在弹出 "图形" 的面板 "直线" 栏中选择 "圆通过三点" 按钮○。
- 快捷命令：选择右键菜单中的 "插入图形" → "圆通过三点" 命令。

【操作步骤】

1）执行上述命令，这时光标变成交叉形状并附带圆符号○。移动光标到需要放置圆的位置处，单击鼠标左键第 1 次确定圆的第一点，第 2 次确定圆的第二点，第 3 次确定圆的第三点，从而完成圆的绘制。单击右键选择"取消操作"命令或按〈Esc〉键，圆绘制完毕，退出当前圆的绘制，如图 1-48 所示。

图 1-48　圆绘制（方法二）

2）此时鼠标仍处于绘制圆的状态，重复步骤 1）的操作即可绘制其他的圆，按下〈Esc〉键便可退出操作。

【选项说明】

（1）设置圆属性

双击圆，系统将弹出相应的"属性（弧/扇形/圆）"对话框，如图 1-49 所示。

图 1-49　圆的"属性（弧/扇形/圆）"对话框

在该对话框中可以对圆的坐标、线宽、类型和颜色等属性进行设置。

1）"弧/扇形/圆"选项组。在该选项组下输入圆的中心的 X 坐标和 Y 坐标、起始角、终止角、半径。

● 起始角与终止角为可以设置，可选择 0°、45°、90°、135°、180°、−45°、−90°、−135°，起始角与终止角的差值为 360°的情况绘制的图形为圆，设置起始角与终止角分别为 0°、90°，显示如图 1-50 所示的圆弧。

● 勾选"扇形"复选框，封闭圆弧，显示扇形，如图 1-51 所示。

2）"格式"选项组。勾选"已填满"复选框，填充圆，如图 1-52 所示。

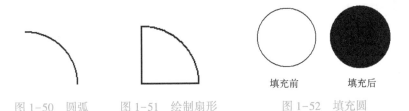

图 1-50　圆弧　　　图 1-51　绘制扇形　　　图 1-52　填充圆

圆其余设置属性与折线属性相同，这里不再赘述。

（2）切线圆

在圆绘制过程中，单击鼠标右键，选择"切线"命令，绘制切线圆，如图 1-53 所示。

（3）编辑圆

选中要编辑的圆，此时，圆高亮显示，同时在圆的象限点上显示小方块，如图 1-54 所示。通过单击鼠标左键将其象限点拉到另一个位置，将圆进行变形。

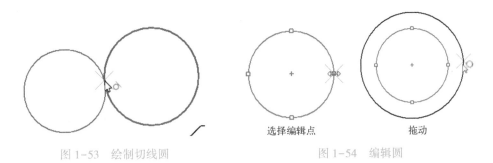

图 1-53　绘制切线圆　　　　　　　图 1-54　编辑圆

🌐 功能详解——多重复制

EPLAN Electric P8 2022 提供了高级复制功能，大大方便了复制操作，注意，多重复制只在同一页内有效，跨页无效。

【执行方式】

● 菜单栏：选择菜单栏中的"编辑"→"多重复制"命令。

● 功能区：单击"编辑"选项卡的"图形"面板中的"多重复制"按钮▐▌。

【操作步骤】

1）复制或剪切某个对象，使 Windows 的剪切板中有内容。执行上述命令，向外拖动元件，确定复制的元件方向与间隔，单击确定第一个复制对象位置后，系统将弹出如图 1-55 所示的"多重复制"对话框。

2）在"多重复制"对话框中，可以对要粘贴的个数进行设置，"数量"文本框中输入的数值标识复制的个数，即复制后元件个数为"4（复制对象）+1（源对象）"。完成个数设置后，单击"确定"按钮，弹出"插入模式"对话框，如图 1-56 所示。

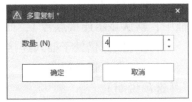

图 1-55　"多重复制"对话框

设置完毕后，单击"确定"按钮，效果如图 1-57 所示，后面复制对象的位置间隔以第一个复制对象位置为依据。

图 1-56 "插入模式"对话框

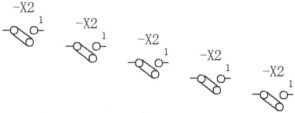

图 1-57 执行阵列粘贴后的元件

【选项说明】

1）确定元件编号模式有"不更改""编号"和"使用字符'?'编号"3种选择。

● 不更改：表示粘贴元件不改变元件编号，与要复制的元件编号相同。

● 编号：表示粘贴元件按编号递增的方向排列。

● 使用字符'?'编号：表示粘贴元件编号字符'?'。

2）"编号格式"选项组：用于设置阵列粘贴中元件标号的编号格式，默认格式为"标识字母+计数器"。

3）"为优先前缀编号"复选框：勾选该复选框，用于设置每次递增时，指定粘贴之间元件为优先前缀编号。

4）"总是采用这种插入模式"复选框：勾选该复选框，后面复制元件时，将会采用这次插入模式的设置。

功能详解——连接点

【执行方式】

● 菜单栏：选择菜单栏中的"插入"命令，显示四个连接点命令

● 功能区：单击"主数据"选项卡"符号"选项组"符号"按钮🔲，如图 1-58 所示。

【操作步骤】

1）执行此命令后，这时光标变成交叉形状并附带连接点符号➡。选择不同的命令，连接点箭头方向不同。

2）单击确定连接点位置，自动弹出"连接点"对话框，在该对话框中，默认显示连接点号 1，如图 1-59 所示。

图 1-58 连接点命令

3）此时鼠标仍处于插入连接点的状态，重复步骤 2）的操作即可绘制其他的连接点，按下〈Esc〉键便可退出操作。

【选项说明】

1）连接点号：如果在放置连接点前定义连接点属性，定义的设置将会成为默认值，连接点号以数字方式命名，放置的下一个连接点会自动加一。

2）连接点代号［1］：描述连接点代号的字号与颜色。

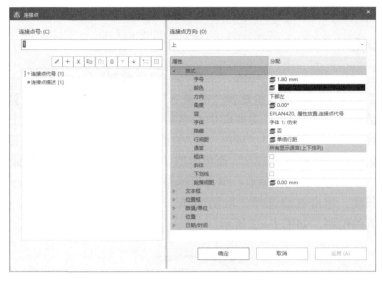

图 1-59　"连接点"对话框

3）连接点描述［1］：描述连接点的方向与角度。

4）连接点方向：（O）包括上、下、左、右四个方向。当连接点符号✦出现在指针上时，按下〈Tab〉键可以以 90°为增量旋转连接点，如图 1-60 所示。

图 1-60　设置连接点方向

 **感应式仪表符号**

本例绘制的感应式仪表符号如图 1-61 所示。

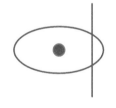
实例 4

思路分析

本例主要先利用"圆"命令、"椭圆"命令进行图形绘制，首先利用"椭圆"命令绘制仪表外壳图形，利用"圆"命令绘制仪表内指示盘图形，最后利用"组合"命令创建组合图形，完成图形的绘制。

图 1-61　感应式仪表符号

 **知识要点**

🐌 "椭圆"命令

🐌 "圆"命令

🍳 "组合"命令

🪑 **绘制步骤**

1）创建符号文件。选择菜单栏中的"工具"→"主数据"→"符号"→"新建"命令，弹出"生成变量"对话框，目标变量选择"变量 A"，单击"确定"按钮，弹出"符号属性"对话框，在该对话框中"符号名"文本框中命名符号名"GY_MEW"，单击"确定"按钮，进入符号编辑环境。打开"栅格 C"，启用"开/关捕捉到栅格点"方式，捕捉栅格点。

2）单击"插入"选项卡的"图形"面板中的"椭圆"按钮○，这时光标变成交叉形状并附带椭圆符号○，移动光标到坐标原点，单击鼠标左键第 1 次确定椭圆的中心，第 2 次确定椭圆长轴和短轴的长度，单击右键选择"取消操作"命令或按〈Esc〉键，从而完成椭圆的绘制。退出当前椭圆的绘制，如图 1-62 所示。

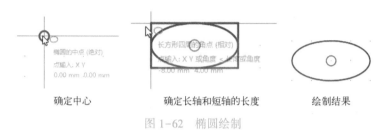

确定中心　　　　　　确定长轴和短轴的长度　　　　绘制结果

图 1-62　椭圆绘制

3）单击"插入"选项卡的"图形"面板中的"圆"按钮⊙，在(0,0)处捕捉栅格点，单击鼠标左键确定圆心，在编辑框中输入 1，按下〈Enter〉键，绘制半径为 1 的圆。双击圆，弹出属性对话框，勾选"已填满"复选框，如图 1-63 所示。填充圆，圆的绘制结果如图 1-64 所示。

图 1-63　设置属性

图 1-64　绘制圆

4）单击"插入"选项卡的"图形"面板中的"直线"按钮，在填充圆右侧绘制一条竖直向下直线。

5）图形组块。选择整个图形，单击"编辑"选项卡下"块"面板中的"组块"按钮⊡，单独的线条元素变为一个整体图形符号。最终结果如图 1-61 所示。

🌕 功能详解——椭圆

【执行方式】
- 菜单栏：选择菜单栏中的"插入"→"图形"→"椭圆"命令。
- 功能区：单击"插入"选项卡的"图形"面板中的"椭圆"按钮○。
- 快捷命令：选择右键菜单中的"插入图形"→"椭圆"命令。

【选项说明】

1. 编辑椭圆

选中要编辑的椭圆此时，椭圆高亮显示，同时在椭圆的象限点上显示小方块，如图 1-65 所示。通过单击鼠标左键将其长轴和短轴的象限点拉到另一个位置，将椭圆进行变形。

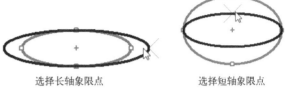

选择长轴象限点　　　　　选择短轴象限点

图 1-65　编辑椭圆

2. 设置椭圆属性

双击椭圆，系统将弹出相应的"属性（椭圆）"对话框，如图 1-66 所示。

在该对话框中可以对椭圆的坐标、线宽、类型和颜色等属性进行设置。

1)"椭圆"选项组。在该选项组下输入椭圆的中心和半轴的 X 坐标和 Y 坐标、旋转角度。旋转角度可以设置 0°、45°、90°、135°、180°、-45°、-90°、-135°，用于旋转椭圆。

图 1-66　"属性（椭圆）"对话框

2)"格式"选项组。在该选项组下勾选"已填满"复选框，填充椭圆，如图 1-67 所示。

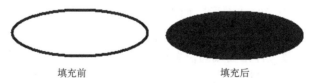

填充前　　　　　　　　填充后

图 1-67　填充椭圆

椭圆其余设置属性与圆属性相同，这里不再赘述。

功能详解——组合

【执行方式】

● 菜单栏：选择菜单栏中的"编辑"→"其他"→"组合"命令。

● 功能区：单击"编辑"选项卡下"组合"面板中的"组合"按钮。

【操作步骤】

执行上述操作，将选中不同类型的对象组合成一个整体。

实例 5

实例 5 整流器符号

本例绘制的整流器符号如图 1-68 所示。

思路分析

本例主要先利用"长方形"命令、"直线"命令进行图形绘制，然后利用"样条曲线"对话框绘制图形，最后利用"组合"命令创建组合图形，完成图形的绘制。

图 1-68 整流器符号

知识要点

● "长方形"命令

● "直线"命令

● "样条曲线"命令

● "组合"命令

绘制步骤

1. 创建符号文件

1）选择菜单栏中的"工具"→"主数据"→"符号"→"新建"命令，创建符号 U_MEW。

2）单击"插入"选项卡的"图形"面板中"长方形"按钮□，在绘制一个长为 12 mm、宽为 12 mm 的矩形，结果如图 1-69 所示。

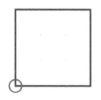

3）打开"栅格 A"，选择菜单栏中的"插入"→"图形"→"直线"命令，绘制三条直线，如图 1-70 所示。双击下面的水平直线，弹出"属性（直线）"对话框，如图 1-71 所示，设置线型为虚线，式样长度为 2，直线修改结果如图 1-72 所示。

图 1-69 绘制长方形

4）单击"插入"选项卡的"图形"面板中的"样条曲线"按钮∫，这时光标变成交叉形状并附带样条曲线符号∫。

5）移动光标到需要放置样条曲线的位置处，单击鼠标左键，确定样条曲线的起点。然后移动光标，再次单击鼠标左键确定终点，绘制出一条直线，如图 1-73 所示。

6）继续移动鼠标，在起点和终点间合适位置单击鼠标左键确定控制点 1，然后生成一条弧线。

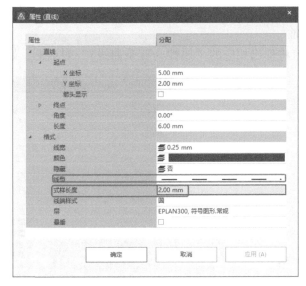

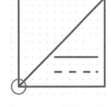

图 1-70 绘制直线　　　　　图 1-71 修改直线样式　　　　图 1-72 修改结果

7）继续移动鼠标，曲线将随光标的移动而变化，单击鼠标左键，确定控制点 2，如图 1-73 所示。单击右键选择"取消操作"命令或按〈Esc〉键，样条曲线绘制完毕，退出当前样条曲线的绘制。

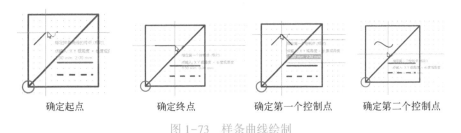

确定起点　　　　确定终点　　　　确定第一个控制点　　　确定第二个控制点

图 1-73 样条曲线绘制

8）此时鼠标仍处于绘制样条曲线的状态，重复步骤 7）的操作即可绘制其他的样条曲线，按下〈Esc〉键便可退出操作。

2. 图形组合

选择整个图形，单击"编辑"选项卡"组合"面板中的"组合"按钮▦，单独的线条元素将变为一个整体图符。最终结果如图 1-68 所示。

◉ 功能详解——样条曲线

【执行方式】
- 菜单栏：选择菜单栏中的"插入"→"图形"→"样条曲线"命令。
- 功能区：单击"插入"选项卡的"图形"面板中的"样条曲线"按钮╱。
- 快捷命令：选择右键菜单中的"插入图形"→"样条曲线"命令。

【选项说明】
1. 编辑样条曲线

选中要编辑的样条曲线，此时，样条曲线高亮显示，同时在样条曲线的起点、终点、控制点 1、控制点 2 上显示小方块，如图 1-74 所示。通过单击鼠标左键将样条曲线上点拉到另一个位置，将样条曲线进行变形。

2. 设置样条曲线属性

双击样条曲线，系统将弹出相应的"属性（样条曲线）"对话框，如图 1-75 所示。

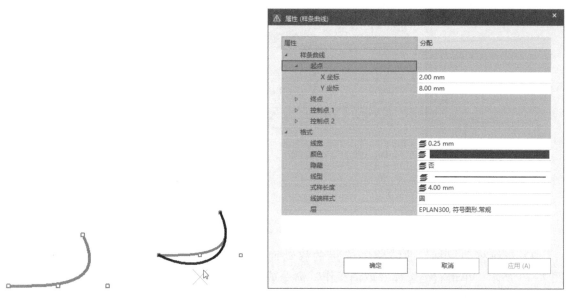

图 1-74 编辑样条曲线   图 1-75 "属性（样条曲线）"对话框

在该对话框中可以对样条曲线的坐标、线宽、类型和颜色等属性进行设置。在"样条曲线"选项组下输入样条曲线的起点、终点、控制点 1、控制点 2 坐标。

样条曲线其余设置属性与圆属性相同，这里不再赘述。

实例 6 发电机符号

本例绘制的发电机符号如图 1-76 所示。

 思路分析

本例主要利用"黑盒"命令和"设备连接点"命令进行绘制，"黑盒"命令用于绘制发电机符号的外框，"设备连接点"命令用于绘制符号的接线端。

 知识要点

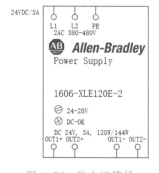

图 1-76 发电机符号

 "黑盒"命令

 "设备连接点"命令

绘制步骤

1. 配置绘图环境

1）选择菜单栏中的"项目"→"新建"命令，弹出如图 1-77 所示的对话框，在"项目名称"文本框下输入创建新的项目名称"GSC_Project"，在"默认

实例 6-1

位置"文本框下选择项目文件的路径，在"模板"下拉列表中选择带 GB 标准标识结构的基本项目"GB_bas001. zw9"。

2）单击"确定"按钮，弹出"项目属性"对话框，默认"属性名-数值"列表中的参数设置，如图 1-78 所示，单击"确定"按钮，关闭对话框。在"页"导航器中创建新项目"GSC_Project. elk"。

图 1-77 "创建项目"对话框

图 1-78 "项目属性"对话框

3）在"页"导航器中选中项目名称，选择菜单栏中的"页"→"新建"命令，弹出如图 1-79 所示的"新建页"对话框。

4）在该对话框中"完整页名"文本框内默认电路图纸页名称，默认名称为"＝CA1＋EAA/2"，在"页类型"下拉列表中选择"多线原理图（交互式）"，"页描述"文本框输入图纸描述"发电机符号"。

5）单击"确定"按钮，完成图纸页的添加，在"页"导航器中显示图纸页"＝CA1＋EAA/2"发电机符号，双击图纸页名称进入图纸页 2 的编辑环境，如图 1-80 所示。

♧ 注意

作为符号库符号的补充，EPLAN 引入黑盒概念。黑盒加符号基本上可以代表任何电气元件，黑盒加设备连接点基本上可以代表符号替代不了的部件。

2. 绘制黑盒子

1）选择菜单栏中的"插入"→"盒子连接点/连接板/安装板"→"黑盒"命令，此时光标变成交叉形状并附加一个黑盒符号🔲。将光标移动到需要插入黑盒的位置，单击确定黑盒的顶点，移动光标到合适的位置再一次单击确定其对角顶点，即可完成黑盒的插入，如图 1-81 所示，自动弹出如图 1-82 所示的黑盒属性设置对话框。

实例 6-2

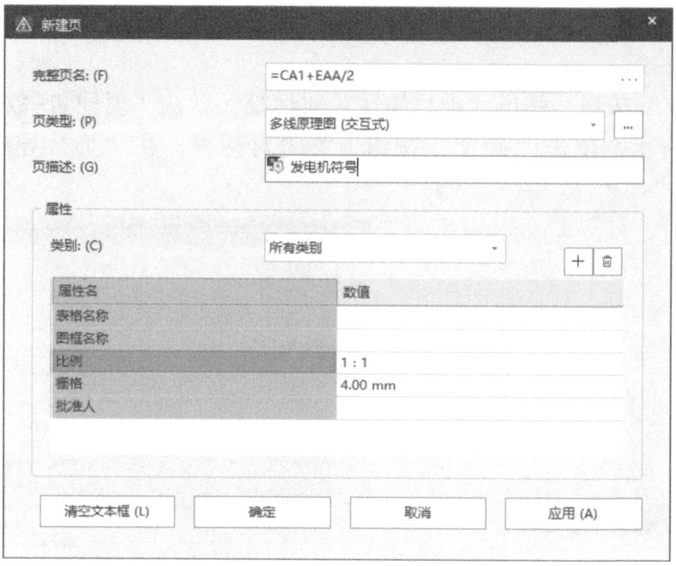

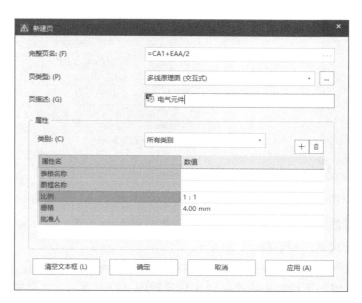

图 1-79 "新建页"对话框

图 1-80 添加图纸页

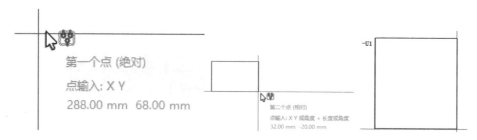

图 1-81 插入黑盒

在该对话框中进行如下设置：

① 在"显示设备标识符"中输入黑盒的编号为空。

② 在 "技术参数" 文本框中输入 "24VDC/SA"。

③ 在 "属性" 列表中单击 "新建" 按钮 + ，弹出 "属性选择" 对话框，在查找栏输入关键字 "连接"，在查找结果中选择 "连接点面积"，如图 1-83 所示。单击 "确定" 按钮，在 "属性" 列表中显示添加属性 "连接点面积"，在 "数值" 列输入 "4mm2"，如图 1-84 所示。

④ 使用同样的方法，添加增补说明属性，如图 1-85 所示。

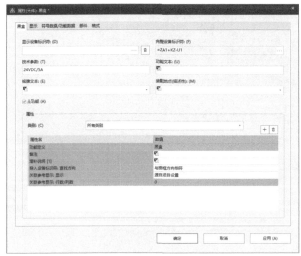

图 1-82　黑盒属性设置对话框

图 1-83　"属性选择" 对话框

图 1-84　添加属性 "连接点面积"

图 1-85　添加属性

2）打开 "显示" 选项卡，在 "属性排列" 下拉列表中选择 "用户自定义"，对默认属性进行新增或删除。

3）单击 "新建" 按钮 + ，弹出 "属性选择" 对话框，在查找栏输入关键字 "增补"，在查找结果中选择 "用户增补说明 10" ~ "用户增补说明 20"，单击 "确定" 按钮，在 "属性排列" 列表中显示添加的属性，如图 1-86 所示。单击 "确定" 按钮，关闭对话框。

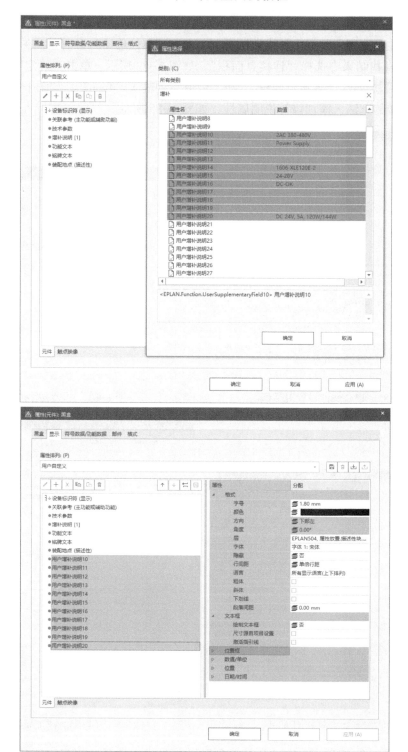

图 1-86 "显示"标签

提示：

新添加属性的属性名左侧为蓝色实心小圆点，表示黑盒属性名和黑盒图形边框是固定在一起的。

此时光标仍处于插入黑盒的状态，重复上述操作可以继续插入其他的黑盒。黑盒插入完毕，按〈Esc〉键即可退出该操作，结果如图 1-87 所示。

3. 设备连接点

实例 6-3

1）选择菜单栏中的"插入"→"设备连接点"命令，此时光标变成交叉形状并附加一个设备连接点符号。将光标移动到黑盒边框的位置，单击鼠标左键插入设备连接点，如图 1-88 所示。

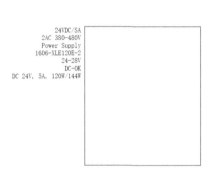

图 1-87　插入黑盒

图 1-88　插入设备连接点

2）弹出如图 1-89 所示的设备连接点属性设置对话框，在"连接点代号"文本框中输入"L1"，单击"确定"按钮，关闭对话框。

图 1-89　设备连接点属性设置对话框

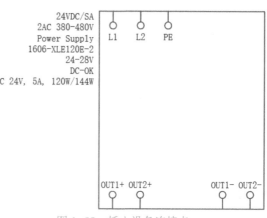

图 1-90 插入设备连接点

此时光标仍处于插入设备连接点的状态，重复上述操作可以继续插入其他的设备连接点 L2、PE。在光标处于放置设备连接点的状态时按〈Tab〉键，旋转设备连接点符号，变换设备连接点方向，放置设备连接点 OUT1+、OUT2+、OUT1-、OUT2-。

设备连接点插入完毕，按〈Esc〉键即可退出该操作，结果如图 1-90 所示。

4. 文本编辑

（1）属性文本编辑

黑盒的属性文本默认全部放置在黑盒边框的左上角，所有属性文本固定为一体，若需要对单个属性文本进行编辑，首先需要取消属性文本的固定连接。

实例 6-4

1）双击黑盒，弹出"属性（元件）：黑盒"对话框，单击"显示"选项卡，按下〈Shift〉键，选中添加的通用户增补属性 10~20，单击"取消固定"按钮，取消固定后的属性名前显示 符号，如图 1-91 所示。

a)

图 1-91 完成属性取消固定
a）选择取消固定命令

b)

图 1-91　完成属性取消固定（续）

b）取消固定

2）将鼠标放置在黑盒上，即同时选中黑盒符号和属性文本，如图 1-92 所示，单击鼠标右键，选择"文本"→"移动属性文本"命令，激活属性文本移动命令，单击需要移动的属性文本，将其放置到任意位置。

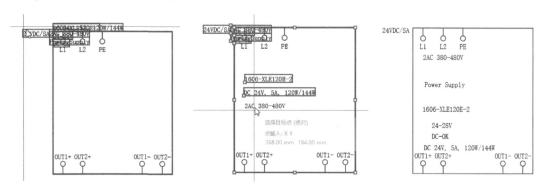

图 1-92　移动属性文本

3）双击黑盒，弹出"属性（元件）：黑盒"对话框，单击"显示"选项卡，激活右侧"格式"选项组，在该选项组下可以设置"用户增补说明 11"～"用户增补说明 11"属性中的字号为 2.5，如图 1-93 所示。修改结果如图 1-94 所示。

（2）放置图片

1）选择菜单栏中的"插入"→"图形"→"图片文件"命令，弹出"选取图片文件"

图 1-93 设置字号

对话框，选择图片"\EPLAN\Data\项目\Company name \ESS_Sample_Macros.edb\ImagesAB_brandcolor.jpg"，如图 1-95 所示。

　　选择图片后，单击"打开"按钮，弹出"复制图片文件"对话框，单击"确定"按钮。

　　光标变成交叉形状并附带图片符号，并附有一个矩形框。移动光标到指定位置，单击鼠标左键，确定矩形框的位置，移动鼠标可改变矩形框的大小，在合适位置再次单击鼠标左键确定另一顶点，如图 1-96 所示，同时弹出"属性（图片文件）"对话框，如图 1-97 所示。完成属性设置后，单击即可将图片添加到黑盒中，如图 1-98 所示。

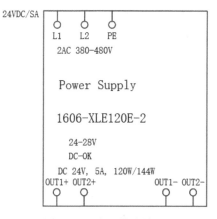

图 1-94 字号修改结果

　　2）单击"插入"选项卡的"图形"面板中的"圆"按钮，在图中适当位置绘制两个半径为 2 的圆，线宽为 0.2，颜色为蓝色，结果如图 1-99 所示。

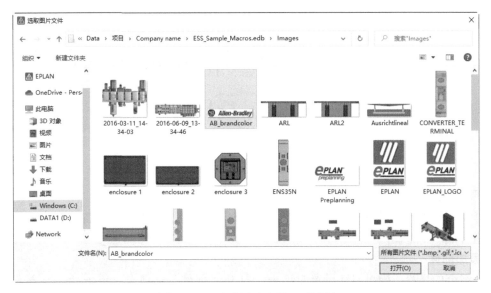

图 1-95 "选取图片文件"对话框

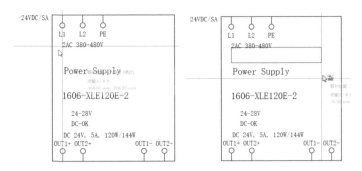

图 1-96 确定位置

图 1-97 "属性（图片文件）"对话框

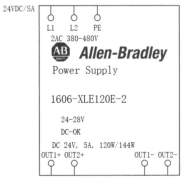

图 1-98 添加图片

3）单击"插入"选项卡的"图形"面板中的"直线"按钮✏️，捕捉圆上点，在每个圆内绘制 2 条直线，直线线宽为 0.2，颜色为蓝色，结果如图 1-100 所示。

图 1-99　绘制圆　　　　　　　图 1-100　绘制直线

5. 黑盒的组合

选择菜单栏中的"编辑"→"其他"→"组合"命令，将黑盒与设备连接点与图片组合成一个整体。

实例 6-5

6. 添加部件

双击组合的黑盒，弹出属性设置对话框，打开"部件"选项卡，单击"…"按钮，弹出"部件选择"对话框，如图 1-101 所示，选择设备部件，部件编号为"A-B.1606-XLE120E-2"，添加部件后如图 1-102 所示。单击"确定"按钮，关闭对话框。

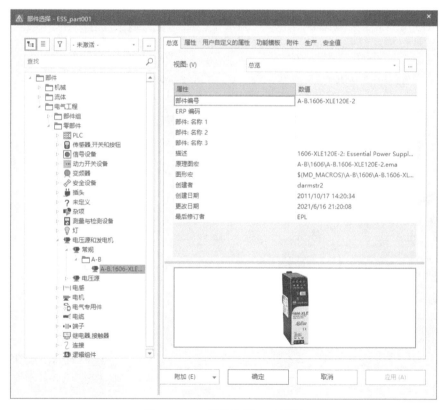

图 1-101　"部件选择"对话框

☁ 功能详解——黑盒

【执行方式】

● 菜单栏：选择菜单栏中的"插入"→"盒子连接点/连接板/安装板"→"黑盒"命令。

图 1-102　添加部件

- 功能区：单击"插入"选项卡下"设备"面板中的"黑盒"按钮 。
- 快捷键：Shift+F11

【选项说明】

在插入黑盒的过程中，用户可以对黑盒的属性进行设置。双击黑盒或在插入黑盒后，弹出如图 1-103 所示的黑盒属性设置对话框，在该对话框中可以对黑盒的属性进行设置，在"显示设备标识符"中输入黑盒的编号。

打开"符号数据/功能数据"选项卡，在"符号数据"下显示选择的图形符号预览图，如图 1-104 所示，在"编号/名称"栏后单击"…"按钮，弹出"符号选择"对话框，如图 1-105 所示，选择黑盒图形符号。

在"功能数据"选项下"定义"文本框后单击"…"按钮，弹出"功能定义"对话框，定义的设备所在类别，如图 1-106 所示。

打开"格式"选项卡，在"属性-分配"列表中显示黑盒图形符号：长方形的起点、终点、宽度、高度与角度；还可设置长方形的线型、线宽、颜色等参数，如图 1-107 所示。

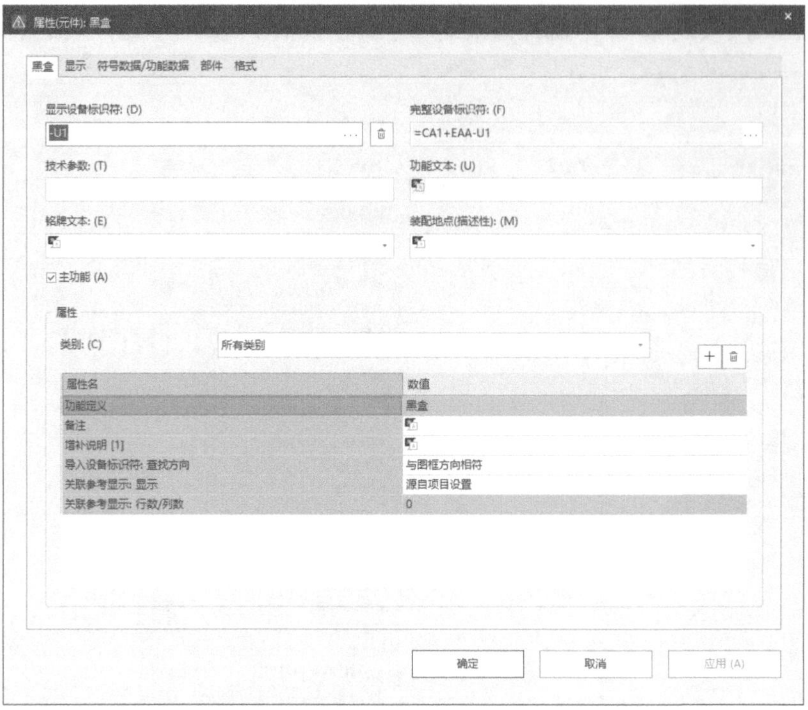

图 1-103　黑盒属性设置对话框

图 1-104　"符号数据/功能数据"选项卡

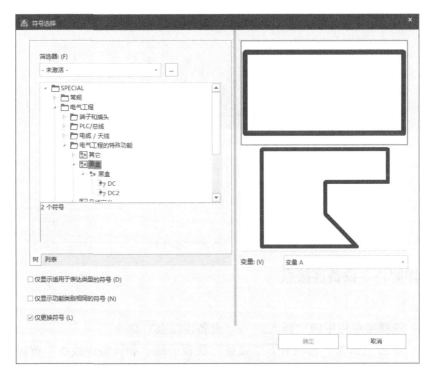

图 1-105　"符号选择"对话框

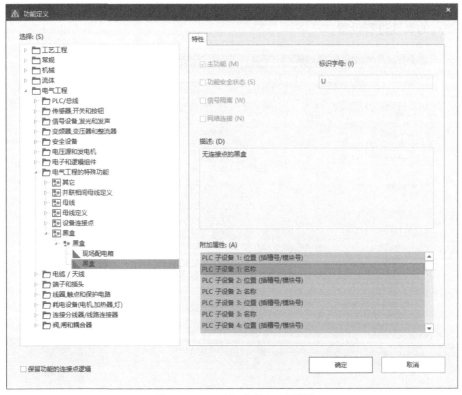

图 1-106　"功能定义"对话框

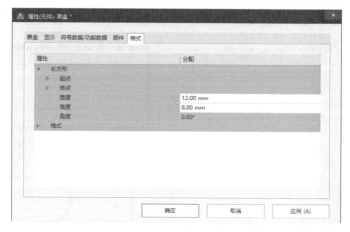

图 1-107 "格式"选项卡

功能详解——设备连接点

【执行方式】
- 菜单栏：选择菜单栏中的"插入"→"设备连接点"命令。
- 功能区：单击"插入"选项卡下"设备"面板中的"和设备连接点"按钮。

【选项说明】

在插入设备连接点的过程中，用户可以对设备连接点的属性进行设置。双击设备连接点或在插入设备连接点后，弹出如图 1-108 所示的设备连接点属性设置对话框，在该对话框中可以对设备连接点的属性进行设置。

图 1-108 设备连接点属性设置对话框

🌐 功能详解——图片

【执行方式】

- 菜单栏：选择菜单栏中的"插入"→"图形"→"图片文件"命令。
- 功能区：单击"插入"选项卡中的"外部"面板中的"图片"按钮 。

【选项说明】

在放置状态下，或者放置完成后，双击需要设置属性的图片，弹出"属性（图片文件）"对话框，如图 1-109 所示。

- 文件：显示图片文件路径。
- 显示尺寸：显示图片文件的宽度与高度。
- 原始尺寸的百分比：设置原始图片文件的宽度与高度比例。
- 保持纵横比：勾选该复选框，保持缩放后原始图片文件的宽度与高度比例。

图 1-109　"属性（图片文件）"对话框

实例 7　半导体探测器符号

实例 7

本例绘制的半导体探测器符号如图 1-110 所示。

😊 思路分析

本例主要利用"黑盒"命令和"符号"命令进行绘制，"黑盒"命令用于绘制发电机符号的外框，"符号"命令用于使黑盒更形象。

😺 知识要点

 "黑盒"命令

图 1-110　半导体探测器符号

🥢 "插入符号"命令

🪑 **绘制步骤**

1. 配置绘图环境

选择菜单栏中的"页"→"新建"命令，创建图纸页"=CA1+EAA/3 半导体探测器符号"，双击图纸页名称进入图纸页 2 的编辑环境。

🔔 **注意**

有时候绘制黑盒，想得到更美观或者"有内容"，需要借助系统原有的符号，但如果直接将符号放进去，在后期项目检查的时候会出现一堆报错，所以需要放进去后都改为纯图形。

2. 插入黑盒

选择菜单栏中的"插入"→"盒子连接点/连接板/安装板"→"黑盒"命令，单击确定黑盒的顶点，移动光标到合适的位置再一次单击确定其对角顶点，即可完成黑盒的插入，如图 1-111 所示。

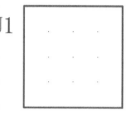

3. 插入符号

1）选择菜单栏中的"插入"→"符号"命令，弹出"符号选择"对话框，在 GB_symbol 符号库中选择半导体符号，如图 1-112 所示。

图 1-111 插入黑盒

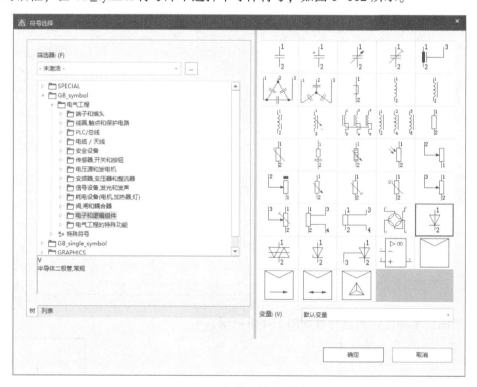

图 1-112 "符号选择"对话框

2）单击"确定"按钮，在光标上显示浮动的元件符号，单击鼠标左键，在黑盒内放置符号，自动弹出"属性（元件）：常规设备"对话框，单击"确定"按钮，关闭对话框，结果如图 1-113 所示。

4. 图形转换

1）选择菜单栏中的"编辑"→"其他"→"将元件转换为图形"命令，选中上一步插入的半导体元件符号，将该元件符号转换为单纯的图形符号。完成转换后，双击图形符号，弹出"对象选择"对话框，如图1-114所示，显示转换后的图形符号包括文本和直线。

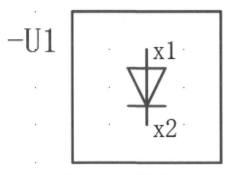

图1-113　放置符号

图1-114　"对象选择"对话框

2）选择"文本"对象，弹出"属性（文本）"对话框，在"文本"列表中删除文本内容，如图1-115所示，单击"确定"按钮，完成文本修改，结果如图1-116所示。

图1-115　"属性（文本）"对话框

图1-116　删除文本结果

🍀 功能详解——符号选择

【执行方式】
● 菜单栏：选择菜单栏中的"插入"→"符号"命令。

【选项说明】

执行上述操作，系统将弹出如图1-117所示的"符号选择"对话框，打开"树"选项卡，可以选择需要的元件符号；打开"列表"选项卡，在该选项卡中搜索需要的元件符号。

1. "树"选项卡

在筛选器下拉列表框中显示的树形结构中选择元件符号。各符号根据不同的功能定义会分布在不同的组中。切换树形结构，浏览不同的组，直到找到所需的符号。

在树形结构中选中元件符号后，在列表下方的描述框中显示该符号的符号描述，如图1-118

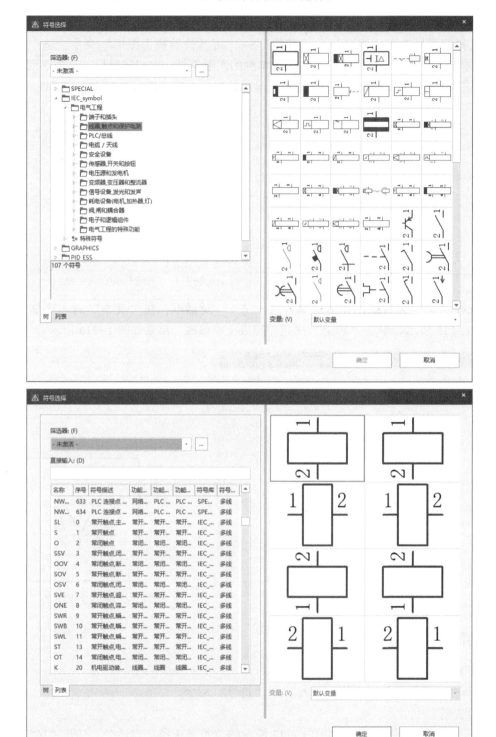

图 1-117 "符号选择"对话框

所示。在对话框的右侧显示该符号的缩略图,包括 A~H 这 8 个不同的符号变量,选中不同的变量符号时,在"变量"文本框中显示对应符号的变量名。

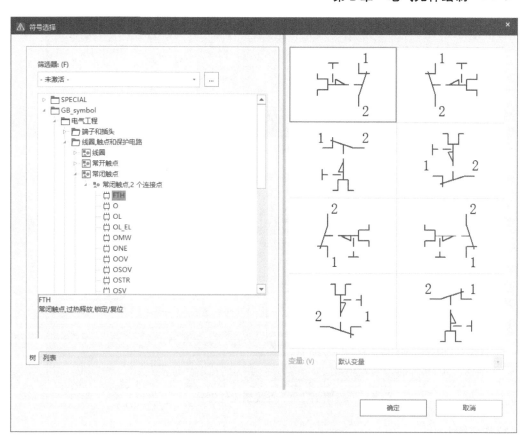

图 1-118　"符号选择"对话框

选中元件符号后，单击"确定"按钮，这时光标变成十字形状并附加一个交叉记号，如图 1-119 所示，将光标移动到原理图适当位置，在空白处单击完成元件符号放置，此时鼠标仍处于放置元件符号的状态，重复上面操作可以继续放置其他的元件符号。

2. "列表"选项卡

1）"筛选器"下拉列表框：用于选择查找的符号库，系统会在已经加载的符号库中查找。

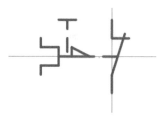

图 1-119　放置元件符号

2）"直接输入"文本框：用于设置查找符号，进行高级查询，如图 1-120 所示。在该选项文本框中，可以输入一些与查询内容有关的过滤语句表达式，有助于使系统进行更快捷、更准确的查找。在文本框中输入"E"，光标立即跳转到第一个以这个关键词字符开始的符号的名称，在文本框下的列表中显示符合关键词的元件符号，在右侧显示 8 个变量的缩略图。

可以看到，符合搜索条件的元件名、描述在该面板上被一一列出，供用户浏览参考。

🌀 功能详解——将元件转换为图形

【执行方式】

● 菜单栏：选择菜单栏中的"编辑"→"其他"→"将元件转换为图形"命令。
● 功能区：单击"编辑"选项卡下"块"选项卡中的"转换"按钮 🔲。

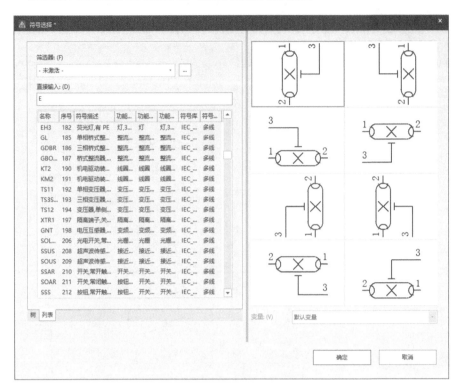

图 1-120　查找到元件符号

【操作步骤】

执行上述命令，将元件符号转换为图形符号，图形符号对象包括直线、圆、长方形、多段线、文本等。

🌀 功能详解——文本

【执行方式】

● 菜单栏：选择菜单栏中的"插入"→"图形"→"文本"命令。

【操作步骤】

执行上述命令，弹出"属性（文本）"对话框，如图 1-121 所示。

在"文本"列表中输入文本后，关闭对话框。

1）这时光标变成交叉形状并附带文本符号 ,T，移动光标到需要放置文本的位置处，单击鼠标左键，完成当前文本放置。

2）此时鼠标仍处于绘制文本的状态，重复步骤 1）的操作即可绘制其他的文本，单击右键选择"取消操作"命令或按〈Esc〉键，便可退出操作。

【选项说明】

双击文本，系统将弹出相应的"属性（文本）"对话框。该对话框包括两个选项卡。

图 1-121　"属性（文本）"对话框

（1）"文本"选项卡

● 文本：用于输入文本内容。

● 路径功能文本：勾选该复选框，插入路径功能文本。

● 不自动翻译：勾选该复选框，不自动翻译输入的文本内容。

（2）"格式"选项卡

所有 EPLAN 原理图图形中的文字都有与其相对应的文本格式。当输入文字对象时，EPLAN 使用当前设置的文本格式。文本格式是用来控制文字基本形状的一组设置。

下面介绍"格式"选项组中的选项，如图 1-122 所示。

● "字号"下拉列表框：用于确定文本的字符高度，可在文本编辑器中设置输入新的字符高度，也可从此下拉列表框中选择已设定过的高度值。

● 颜色：用于确定文本的颜色。

● 方向：用于确定文本的方向。

● 角度：用于确定文本的角度。

● 层：用于确定文本的层。

● 字体：文字的字体确定字符的形状，在 EPLAN 中，一种字体可以设置不同的效果，从而被多种文本样式使用，下拉列表中显示同一种字体（宋体）的不同样式。

图 1-122　"格式"选项卡

● 隐藏：不显示文本。

● 行间距：用于确定文本的行间距。这里所说的行间距是指相邻两文本行基线之间的垂直距离。

● 语言：用于确定文本的语言。

● "粗体"复选框：用于设置加粗效果。

● "斜体"复选框：用于设置斜体效果。

● "删除线"复选框：用于在文字上添加水平删除线。

● "下划线"复选框：用于设置或取消文字的下画线。

● "应用"按钮：确认对文字格式的设置。当对现有文字格式的某些特征进行修改后，都需要单击此按钮，系统才会确认所做的改动。

实例 8　电极探头符号

实例 8

本例绘制的电极探头符号如图 1-123 所示。

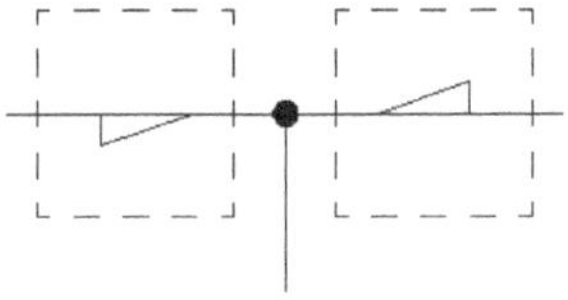

 思路分析

图 1-123　电极探头符号

本例首先利用"直线""移动"等命令绘制探头的一部分，利用"位置盒"命令定义两个探头，然后利用"镜像"命令对图形进行调整，最后绘制圆并进行填充。

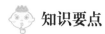 **知识要点**

☝ "位置盒" 命令
☝ "镜像" 命令
☝ "移动" 命令

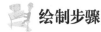 **绘制步骤**

1. 配置绘图环境

选择菜单栏中的 "页" → "新建" 命令，创建图纸页 "＝CA1＋EAA/4 电极探头符号"，双击图纸页名称进入图纸页 4 的编辑环境。

2. 绘制三角形

1）选择菜单栏中的 "插入" → "图形" → "多边形" 命令，这时光标变成交叉形状并附带多边形符号 ，分别绘制｛(110,100),(−21,0),(0,−4)｝，确定多个固定点，单击〈空格键〉或选择右键命令 "封闭折线"，确定终点，这三个点构成一个直角三角形，如图 1−124 所示。

2）此时鼠标仍处于绘制多边形的状态，重复步骤 1）的操作即可绘制其他的多边形，按下〈Esc〉键便可退出操作。

确定第一点　　　　确定第二点　　　　确定第三点　　　　封闭折线

图 1−124　多边形绘制

3. 拉长直线

选择菜单栏中的 "插入" → "图形" → "直线" 命令，捕捉三角形直线 1 左侧端点，如图 1−125 所示，在编辑框输入 (−11 0)，将向左绘制长 11 mm 水平直线 4，捕捉直线 1 右侧端点，在编辑框输入 (12 0)，自右向左绘制长 12 mm 水平直线 5，结果如图 1−126 所示。

图 1−125　绘制直角三角形　　　　　图 1−126　绘制直线

4. 绘制结构盒

选择菜单栏中的 "插入" → "盒子连接点/连接板/安装板" → "结构盒" 命令，此时光标变成交叉形状并附加一个结构盒符号 ，捕捉直线 4 左端点为起点，在编辑框输入 (24 −16)，确定结构盒第二点，完成结构盒的插入，如图 1−127 所示。

5. 移动直线

单击 "编辑" 选项卡 "图形" 面板中的 "移动"

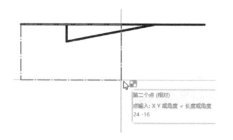

图 1−127　插入结构盒

按钮 ▓，捕捉位置盒左上角点，将位置盒移动到(87,107)处，结果如图 1-128 所示。

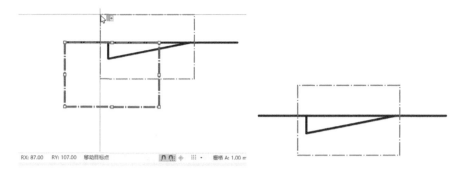

图 1-128　移动位置盒

🔔 注意

结构盒并非设备，而是一个组合，仅向设计者指明其归属于原理图中一个特定的位置。

6. 镜像对象

单击"编辑"选项卡"图形"面板中的"镜像"按钮 ▓，选择所有对象为镜像对象，以过直线 5 右侧端点的垂直线为镜像线进行镜像操作，镜像过程中按下〈Ctrl〉键，镜像结果中包含源对象，如图 1-129 所示。

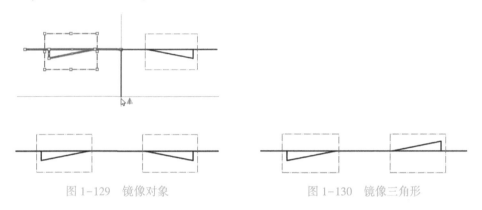

图 1-129　镜像对象　　　　　　　图 1-130　镜像三角形

7. 镜像对象

单击"编辑"选项卡"图形"面板中的"镜像"按钮 ▓，选择右侧直角三角形为镜像对象，以水平直线为镜像线进行镜像操作，镜像结果中不包含源对象，结果如图 1-130 所示。

8. 绘制竖直直线

返回实线层，单击"绘图"工具栏中的"直线"按钮 ✎，捕捉直线 5 的右端点，以其为起点向下绘制一条长度为 20 mm 的竖直直线，如图 1-131 所示。

9. 绘制圆

单击"插入"选项卡的"图形"面板中的"圆"按钮 ⊙，捕捉直线 5 的右端点作为圆心，绘制一个半径为 1.5 mm 的圆，双击绘制完成的圆，在弹出的属性设置对话框中勾选"已填满"复选框，圆填充结果如图 1-132 所示。至此，电极探头符号绘制完成。

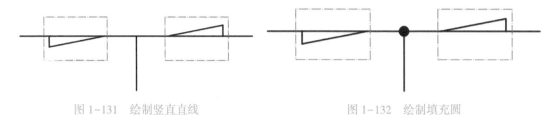

图 1-131　绘制竖直直线　　　　　　　　　图 1-132　绘制填充圆

🐾 功能详解——多边形

【执行方式】

- 菜单栏：选择菜单栏中的"插入"→"图形"→"多边形"命令。
- 功能区：单击"插入"选项卡的"图形"面板中"多边形"按钮▱。
- 快捷命令：选择右键菜单中的"插入图形"→"多边形"命令。

【选项说明】

1）双击多边形，系统将弹出相应的"属性（折线）"对话框，如图 1-133 所示。

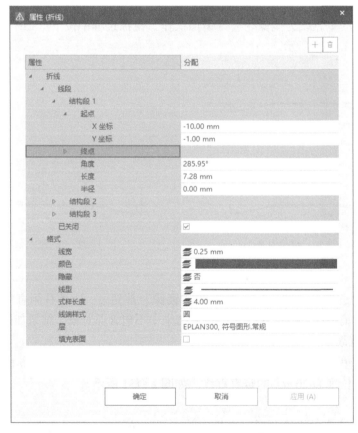

图 1-133　"属性（折线）"对话框

在该对话框中可以对多边形的坐标、线宽、类型和颜色等属性进行设置。

①"多边形"选项组。多边形是由多个结构段组成，在该选项组下输入多边形结构段的起点、终点的 X 坐标和 Y 坐标、角度、长度和半径。

多边形默认勾选"已关闭"复选框，取消该复选框的勾选，自动断开多边形的起点、终点，如图 1-134 所示。

②"格式"选项组。设置多边形"格式"选项属性与折线属性相同，这里不再赘述。

2）多边形也可用垂线或切线。在多边形绘制过程中，单击鼠标右键，选择"垂线"命令或"切线"命令，放置垂线或切线。

3）选中要编辑的多边形，此时，多边形高亮显示，同时在多边形的结构段的角点和中心上显示小方块，如图 1-135 所示。通过单击鼠标左键将其角点或中心拉到另一个位置。将多边形进行变形或增加结构段数量。

多边形

不闭合图形

图 1-134　不闭合多边形

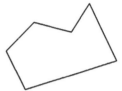

图 1-135　编辑多边形

功能详解——镜像命令

镜像对象是指把选择的对象以一条镜像线为对称轴进行镜像后的对象。镜像操作完成后可以保留原对象，也可以将其删除。

【执行方式】

- 菜单栏：选择菜单栏中的"编辑"→"镜像"命令。
- 功能区：单击"编辑"选项卡"图形"面板中的"镜像"按钮⬛。

功能详解——移动命令

移动对象是指对象的重定位，可以在指定方向上按指定距离移动对象。对象的位置虽然发生了改变，但方向和大小不改变。

【执行方式】

- 菜单栏：选择菜单栏中的"编辑"→"移动"命令。
- 快捷菜单：选择要移动的对象，在绘图区右击，在弹出的快捷菜单中选择"移动"命令。
- 功能区：单击"编辑"选项卡"图形"面板中的"移动"按钮⬛。

功能详解——结构盒

【执行方式】

- 菜单栏：选择菜单栏中的"插入"→"盒子连接点/连接板/安装板"→"结构盒"命令。
- 功能区：单击"插入"选项卡"设备"面板中的"结构盒"按钮⬛。
- 快捷键：Ctrl+F11

【选项说明】

在插入结构盒的过程中，用户可以对结构盒的属性进行设置。双击结构盒或在插入结构盒后，弹出如图 1-136 所示的结构盒属性设置对话框，在该对话框中可以对结构盒的属性进行设置，在"显示设备标识符"中输入结构盒的编号。

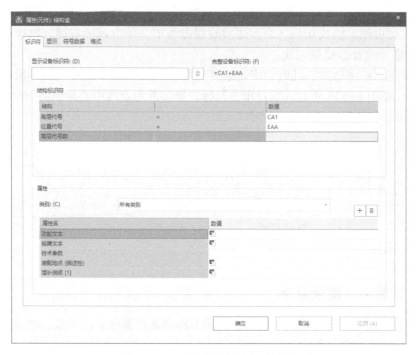

图 1-136　结构盒属性设置对话框

　　打开"符号数据"选项卡，在"符号数据"下显示选择的图形符号预览图，如图 1-137 所示，在"编号/名称"栏后单击"…"按钮，弹出"符号选择"对话框，如图 1-138 所示，选择结构盒图形符号。

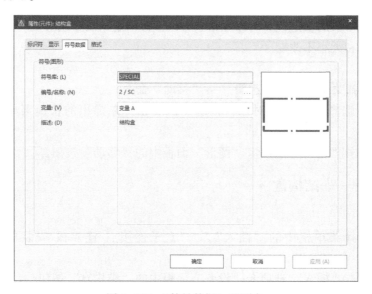

图 1-137　"符号数据"选项卡

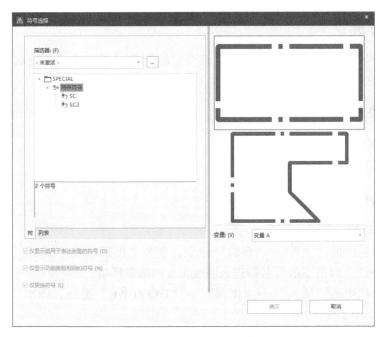

图 1-138 "符号选择"对话框

打开"格式"选项卡,在"属性-分配"列表中显示结构盒图形符号:长方形的起点、终点、宽度、高度与角度;还可设置长方形的线型、线宽、颜色等参数,如图 1-139 所示。

图 1-139 "格式"选项卡

实例 9 变压器符号

实例 9

本例绘制变压器,如图 1-140 所示。

图 1-140 变压器

思路分析

在本例图形的绘制中主要用到"偏移"命令。绘制的过程为先绘制轮廓，然后绘制其余部分，并修剪删除最后得到图形。

 知识要点

🥄 "偏移"命令
🥄 "圆角"命令

 绘制步骤

1. 配置绘图环境

1）选择菜单栏中的"页"→"新建"命令，创建"图形（交互式）"图纸页"＝CA1＋EAA/5 变压器符号"，双击图纸页名称进入图纸页 5 的编辑环境。

2）选择菜单栏中的"插入"→"图形"→"DXF/DWG"命令，弹出"DXF/DWG 文件选择"对话框，如图 1-141 所示。

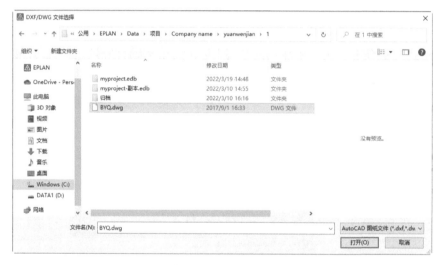

图 1-141 选择 DWG

3）选择 DWG 文件后，单击"打开"按钮，弹出"DXF‐/DWG 导入"对话框，如图 1-142 所示，单击"确定"按钮。

2. 导入文件

弹出"导入格式化"对话框，如图 1-143 所示，在"缩放比例"下拉列表中选择"手动"，激活下面的缩放比例参数，在"水平的缩放比例"文本框中输入 0.1，"垂直的缩放比例"文本框中自动显示为 0.1，单击"确定"按钮。光标变成十字形状并附带文件符

图 1-142 "DXF‐/DWG 导入"对话框

号，移动光标到指定位置，单击鼠标左键确定放置位置，如图 1–144 所示。

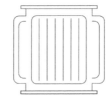

图 1–143　"导入格式化"对话框　　　　图 1–144　插入 DWG 文件

🔔 注意

EPLAN Electric P8 2022 属于电气设计软件，不是 CAD 这种的绘图软件。若需要绘制电器元件符号，可以使用 CAD 进行绘图，再从 EPLAN 中导入 DXF 或者 DWG 文件。

🌀功能详解——放置 DWG/DXF 文件

【执行方式】

- 菜单栏：选择菜单栏中的"插入"→"图形"→"DXF/DWG"命令。
- 功能区：单击"插入"选项卡中的"外部"面板中的"DXF/DWG"按钮 。

第2章 电气单元绘制

本章主要介绍 EPLAN 中基本电气单元的绘制方法，包括二极管、带燃油泵电机、加热器、多极开关、点火分离器、固态继电器、电话机、传真机、电缆接线头、绝缘子、指示灯等。

本章不仅介绍电气单元的绘制方法，而且将所绘图形生成宏，为绘制电气图做准备。通过本篇的学习，读者可以掌握各种基本绘图和编辑命令的使用方法。

 实例 10　带燃油泵电机符号

实例 10

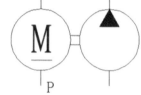

本例绘制的带燃油泵电机符号如图 2-1 所示。

思路分析

图 2-1　带燃油泵电机符号

本例主要利用"符号选择"导航器插入电机符号，利用"圆""多边形""直线"等命令绘制燃油泵符号，然后进行文字注释的添加。

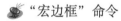 **知识要点**

 ● "符号选择"命令
● "宏边框"命令

绘制步骤

1. 配置绘图环境

1）选择菜单栏中的"项目"→"新建"命令，弹出"创建项目"对话框，创建新的项目名称"MFS_Macros"，在"模板"下拉列表中选择带 IEC 标准标识结构的基本项目"IEC_bas001. zw9"，如图 2-2 所示。单击"确定"按钮，弹出"项目属性"对话框，在"属性名-数值"列表中的"项目类型"设置为"宏项目"，如图 2-3 所示，单击"确定"按钮，关闭对话框。在"页"导航器中创建新项目"MFS_Macros . elk"。

2）在"页"导航器中选中项目名称，选择菜单栏中的"页"→"新建"命令，弹出"新建页"对话框，在该对话框中"完整页名"文本框内默认名称为"=CA1+EAA/2"，在"页类型"下拉列表中选择"多线原理图（交互式）"，"页描述"文本框输入图纸描述"发电机符号"。

⌂ 注意

EPLAN 的宏技术创建了针对电路的窗口宏和针对部件的图形宏，方便快速地实现电路原理的搭建。宏文件具有电气逻辑性，可以包含电路参数、元器件型号、线路的电位、电缆的参数、相关属性的自动显示等一系列信息。

图 2-2　"创建项目"对话框　　　　　　　图 2-3　"项目属性"对话框

2. 插入符号

1）选择菜单栏中的"项目数据"→"符号"命令，在工作窗口左侧就会出现"符号选择"标签，并自动弹出"符号选择"导航器。

2）选择"多线 国标 符号"，显示打开项目文件下的"IEC_Symbol"（符合 IEC 标准的原理图符号库），在该标准库下显示电器工程符号与特殊符号。在导航器树形结构选中直流电机符号后，在"图形预览"窗口中显示该符号的缩略图，如图 2-4 所示。

3）直接拖动到原理图中适当位置或在该元件符号上单击右键，选择"插入"命令，自动激活元件放置命令，这时光标变成十字形状并附加一个交叉记号，将光标移动到原理图适当位置，在空白处单击完成元件符号插入，如图 2-5 所示，此时鼠标仍处于放置元件符号的状态，重复上面操作可以继续放置其他的元件符号。

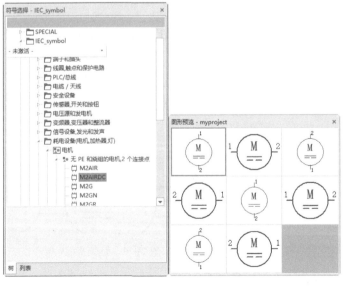

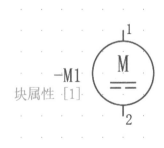

图 2-4　选择直流电机符号　　　　　　　图 2-5　元件放置

3. 绘制图形

1）绘制圆。单击"插入"选项卡的"图形"面板中的"圆"按钮⊙，在电机符号右侧绘制一个半径为 5.7 mm 的圆，设置颜色为蓝色，线宽为 0.25 mm，结果如图 2-6 所示。

2）绘制三角形。单击"插入"选项卡的"图形"面板中的"多边形"按钮◁，捕捉圆上象限点，如图 2-7 所示，绘制等边三角形，设置颜色为蓝色，线宽为 0.25 mm，勾选"已填满"复选框，结果如图 2-8 所示。

图 2-6　绘制圆　　　　　　　　　　　　　　图 2-7　绘制圆

3）绘制竖直直线。单击"插入"选项卡的"图形"面板中的"直线"按钮╱，开启"对象捕捉"和"栅格捕捉"，以圆上象限点为起点，绘制一条长度为 2 mm 的竖直直线；以圆下象限点为起点，绘制一条长度为 2 mm 的竖直直线，设置颜色为蓝色，线宽为 0.25 mm，如图 2-9 所示。

4）绘制水平直线。单击"插入"选项卡的"图形"面板中的"直线"按钮╱，捕捉两圆的象限点，绘制水平直线，如图 2-9 所示。

图 2-8　绘制三角形　　　　　　　　　　　图 2-9　绘制直线

5）复制图形。选择菜单栏中的"编辑"→"复制""粘贴"命令，将前面绘制的水平直线向上、向下复制，均平移 2 mm，如图 2-10 所示。

6）延伸直线。单击"编辑"选项卡的"图形"面板中的"长度"按钮➤，选择复制的水平直线作为要延伸的对象，选择左右两侧的圆作为延伸对象，将复制的水平直线分别向左和向右延伸，如图 2-11 所示。

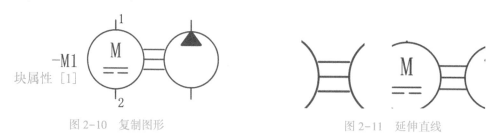

图 2-10　复制图形　　　　　　　　　　　图 2-11　延伸直线

7）删除直线。选择菜单栏中的"编辑"→"删除"命令，删除一条直线；或者选中一条直线，然后按〈Del〉键将其删除，结果如图 2-12 所示。

8）添加文字。单击"编辑"选项卡的"文本"面板中的"文本"按钮**T**，在电机符号的下引脚右侧输入文字"P", 如图 2-13 所示, 完成带燃油泵电机符号的绘制。

图 2-12　删除直线　　　　　　　　图 2-13　添加文字

9）插入宏边框。单击功能区"主数据"选项卡"宏"面板"导航器"下拉按钮"插入宏边框"按钮 , 这时光标变成十字形状并附带宏边框符号 , 移动光标到需要放置"宏边框"的起点处, 单击确定宏边框的角点, 再次单击确定另一个角点, 单击右键选择"取消操作"命令或按〈Esc〉键, 宏边框绘制完毕, 退出当前宏边框的绘制, 如图 2-14 所示。

10）组合图形。选择整个图形, 单击"编辑"选项卡"组合"面板中的"组合"按钮 , 单独的线条元素变为一个整体图符, 如图 2-15 所示。

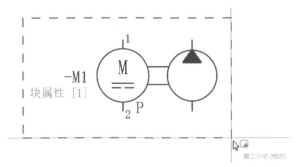

图 2-14　绘制宏边框

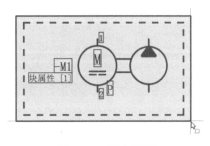

图 2-15　组合图形

4. 创建宏

1）单击功能区"主数据"选项卡"宏"面板"创建"按钮 , 框选所有对象, 系统将弹出如图 2-16 所示的宏"另存为"对话框。

2）在"目录"文本框中输入宏目录, 在"文件名"文本框中输入宏名称, 在"描述"列表中输入"带燃油泵电机符号", 在"附加"下选择"定义基准点"命令, 选择宏边框左下角点, 单击"确定"按钮, 关闭对话框, 完成宏的创建。

功能详解——"符号选择"导航器

【执行方式】

● 菜单栏：选择菜单栏中的"项目数据"→"符号"命令。

【操作步骤】

执行上述操作, 打开"符号选择"导航器, 用于符号的选择、放置。

图 2-16　"另存为"对话框

功能详解——宏边框

【执行方式】

● 菜单栏：选择菜单栏中的"插入"→"盒子/连接点/安装板（M）"→"宏边框"命令。

● 功能区：单击功能区"主数据"选项卡"宏"面板"导航器"下拉按钮"插入宏边框"按钮 。

【选项说明】

双击打开宏边框，打开"属性（元件）：宏边框"对话框，如图 2-17 所示，可以设置宏的使用类型、表达类型、变量、基准点。

图 2-17　"属性（元件）：宏边框"对话框

打开"显示"选项卡，默认情况下，宏边框上是不显示属性，如图 2-18 所示。但是宏的创建人员有时候为了查看方便，会通过"新建"按钮，在宏边框上显示一些属性，如图 2-19 所示。当生成为宏文件之后，宏边框的这些属性也会默认显示，如图 2-19 所示。

图 2-18　"显示"选项卡

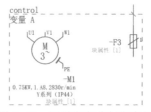

图 2-19　显示宏名称与宏变量

在"项目设置"的"常规"选项卡中，勾选"带宏边框插入"复选框，如图 2-20 所示，将宏插入原理图项目中时，EPLAN 会自动添加宏边框。

图 2-20　设置对话框

功能详解——创建宏

【执行方式】
- 菜单栏：选择菜单栏中的"编辑"→"创建窗口宏/符号宏"命令。
- 功能区：单击功能区"主数据"选项卡"宏"面板"创建"按钮 。
- 快捷操作：单击鼠标右键选择"创建窗口宏/符号宏"命令。
- 快捷键：按快捷键 Ctrl+5。

【选项说明】
执行上述操作，系统将弹出如图 2-21 所示的宏"另存为"对话框。

1）在"目录"文本框中输入宏目录，在"文件名"文本框中输入宏名称，单击"…"按钮，弹出宏类型"另存为"对话框，如图 2-22 所示，在该对话框中可选择文件类型、文件目录、文件名称，显示宏的图形符号与描述信息。

2）在"表达类型"下拉列表中显示 EPLAN 中宏类型。宏的表达类型用于排序，有助于管理宏，但对宏中的功能没有影响；其保持各自的表达类型：
- 多线：适用于放置在多线原理图页上的宏。
- 多线流体：适用于放置在流体工程原理图页中

图 2-21　"另存为"对话框

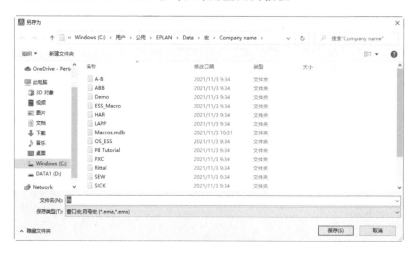

图 2-22 宏类型"另存为"对话框

的宏。
- 总览：适用于放置在总览页上的宏。
- 成对关联参考：适用于用于实现成对关联参考的宏。
- 单线：适用于放置在单线原理图页上的宏。
- 拓扑：适用于放置在拓扑图页上的宏。
- 管道及仪表流程图：适用于放置在管道及仪表流程图页中的宏。
- 功能：适用于放置在功能原理图页中的宏。
- 安装板布局：适用于放置在安装板上的宏。
- 预规划：适用于放置在预规划图页中的宏。在预规划宏中"考虑页比例"不可激活。
- 功能总览（流体）：适用于放置在流体总览页中的宏。
- 图形：适用于只包含图形元件的宏。既不在报表中，也不在错误检查和形成关联参考时考虑图形元件，也不将其收集为目标。

3）在"变量"下拉列表中可选择从变量 A 到变量 P 的 16 个变量。在同一个文件名称下，可为一个宏创建不同的变量。标准情况下，宏默认保存为"变量 A"。EPLAN 中可为一个宏的每个表达类型最多创建 16 个变量。

4）在"描述"栏输入设备组成的宏的注释性文本或技术参数文本，用于在选择宏时方便选择。勾选"考虑页"复选框，则宏在插入时会进行外观调整，其原始大小保持不变，但在页上会根据已设置的比例尺放大或缩小显示。如果未勾选复选框，则宏会根据页比例相应地放大或缩小。

5）在"页数"文本框中默认显示原理图页数为 1，固定不变。窗口宏与符号宏的对象不能超过 1 页。

6）在"附加"按钮下选择"定义基准点"命令，在创建宏时重新定义基准点；选择"分配部件数据"命令，为宏分配部件。

单击"确定"按钮，完成窗口宏".ema"创建。符号宏的创建方法是相同的，将符号宏扩展名改为".ems"即可。

在目录下创建的宏为一个整体，分别后面使用时插入，但创建原理图中选中创建宏的部分电路不是整体，取消选中后的部分电路中设备与连接导线仍是单独的个体。

实例 11　指示灯模块

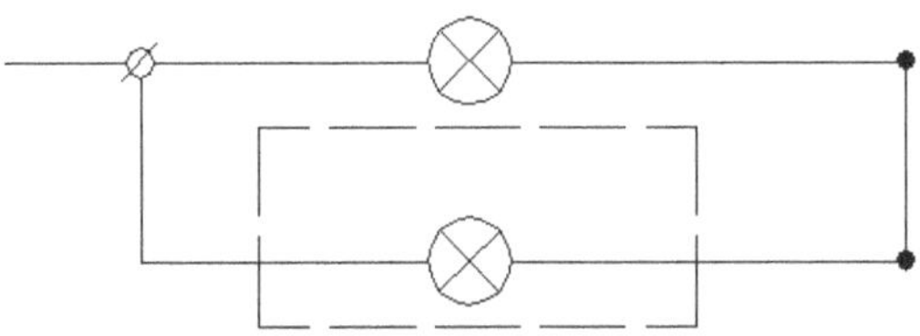

图 2-23　指示灯模块

本例绘制的指示灯模块如图 2-23 所示。

思路分析

本例绘制的是一个包括指示灯的电路图，在绘制过程中主要运用到了"插入中心"和"连接符号"命令。在绘图过程中要注意视图的布置。

知识要点

- "插入中心"命令
- "连接符号"命令

绘制步骤

1. 配置绘图环境

选择菜单栏中的"页"→"新建"命令，创建图纸页"=CA1+EAA/3 指示灯模块"，双击图纸页名称进入图纸页 3 的编辑环境。

2. 插入多个指示灯

1）单击右侧"插入中心"导航器，在资源管理器中间栏选择路径"开始\符号\IEC_symbol\电气工程\信号设备，发光和发声"，选择指示灯 H，如图 2-24 所示。

2）将该元件拖动到原理图中，在光标上显示浮动的元件符号，按下〈Tab〉键，旋转元件方向，单击鼠标左键放置元件，自动弹出"属性（元件）：常规设备"对话框，默认设备标识符为 H1，单击"确定"按钮，关闭对话框，在原理图中放置电机元件 H1、H2。按右键"取消操作"命令或按〈Esc〉键即可退出该操作，如图 2-25 所示。

图 2-24　选择元件

图 2-25　放置指示灯元件

注意

插入中心是设计对象（符号、宏或设备）的资源管理器，通过它可以轻松快捷地找到各个组件并把它们拖动到电气原理图中。插入中心的导航器位于图形编辑器或布局空间的右边缘，与弹出导航器一样，可以取消停靠或停靠。每个打开的页面或布局空间都有一个单独的插入中心。

3. 连接线路

1）单击功能区"插入"选项卡的"符号"面板中的"T 节点，向下"按钮 ⅄，此时光标变成十字形状并附加一个 T 节点符号。

2）将光标移动到想要完成电气连接的元件水平或垂直位置上，出现红色的连接符号表示电气连接成功。移动光标，确定导线的终点，如图 2-26 所示。此时光标仍处于放置 T 节点连接的状态，重复上述操作可以继续放置其他的导线。导线放置

图 2-26　放置向下 T 节点

完毕，按右键"取消操作"命令或〈Esc〉键即可退出该操作。

3）单击功能区"插入"选项卡的"符号"面板中的"T 节点，向上"按钮 ⅄，连接 T 节点，结果如图 2-27 所示。

4）单击功能区"插入"选项卡的"符号"面板中的"右下角"按钮 ⌐，此时光标变成十字形状并附加一个角符号。移动光标，完成电气连接，如图 2-28 所示。按右键"取消操作"命令或按〈Esc〉键即可退出该操作。

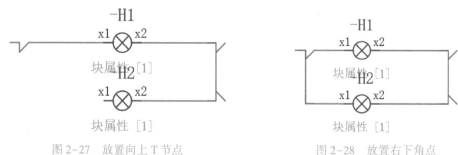

图 2-27　放置向上 T 节点　　　　　　　　图 2-28　放置右下角点

5）双击 T 节点，打开 T 节点的属性编辑面板，如图 2-29 所示，勾选"作为点描绘"复选框，T 节点显示为"点"模式 ┳，结果如图 2-30 所示。

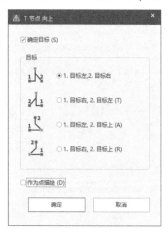

图 2-29　T 节点属性设置

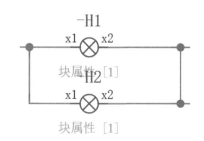

图 2-30　T 节点的"点"模式

4. 绘制结构盒

单击"插入"选项卡"设备"面板中的"结构盒"按钮🔲，在指示灯 H2 外侧绘制适当大小结构盒，如图 2-31 所示。

5. 插入宏边框

单击功能区"主数据"选项卡"宏"面板"导航器"下拉按钮"插入宏边框"按钮🔳，确定边框角点，单击右键选择"取消操作"命令或按〈Esc〉键，退出当前宏边框的绘制，如图 2-32 所示。

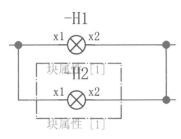

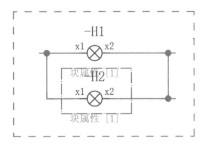

图 2-31　插入结构盒　　　　　　　　图 2-32　绘制宏边框

6. 组合图形

选择整个图形，单击"编辑"选项卡"组合"面板中的"组合"按钮🔳，单独的线条元素变为一个整体图符，如图 2-33 所示。

7. 创建宏

单击功能区"主数据"选项卡"宏"面板"创建"按钮🔳，框选所有对象，系统将弹出如图 2-34 所示的宏"另存为"对话框，在"文件名"文本框中输入宏名称，在"描述"列表中输入"指示灯模块"，在"附加"下选择"定义基准点"命令，选择宏边框左下角点，单击"确定"按钮，关闭对话框，完成宏的创建。

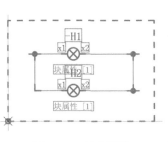

图 2-33　组合图形　　　　　　　　图 2-34　"另存为"对话框

🔵 功能详解——插入中心

【执行方式】

EPLAN Electric P8 2022 系统原理图编辑环境中自动打开"插入中心"导航器，默认情况下固定在工作区右侧，第一次启动插入中心时，组件资源管理器默认打开的文件路径为"开

始",如图 2-35 所示。使用"插入中心"导航器的内容显示框观察用
EPLAN 设计中心的资源管理器所浏览资源的细目。

图 2-35 "插入中心"
导航器

【选项说明】

1)最上方的方框为插入中心的资源管理器,其全面的搜索功能使
用户可以使用熟悉的术语轻松找到所需的组件。EPLAN Electric P8
2022 提供了强大的元件搜索能力,帮助用户轻松地在元件符号库中定
位元件符号。

2)中上方的方框为插入中心资源管理器对象显示路径。

- ⌂ :返回开始界面
- ← :上一步。

3)中间窗口的内容为对象资源内容显示,资源管理器使用标签管
理系统,将标签分配给其符号、宏或设备,并根据其工作流程或任务对其进行分组。

- 最近一次使用:经最近常用的组件进行存储,以方便访问。
- 收藏:用户可以收藏其最常用的组件并进行存储,以方便访问。
- 标记符:用户可以标记其最常用的组件并进行存储,以方便访问。
- 符号:访问系统中的符号。
- 设备:访问系统中的设备。
- 窗口宏/符号宏:访问系统中的窗口宏、符号宏。

4)最下面窗口为属性-数值显示框。

如果要改变 EPLAN 插入中心的位置,可在插入中心工具条的上部用鼠标拖动它,松开鼠
标后,EPLAN 设计中心便处于当前位置,到新位置后,仍可以用鼠标改变各窗口的大小。也
可以通过设计中心边框左边下方的"取消固定"按钮 来自动隐藏设计中心。

功能详解——连接符号

经常使用的连接符号有角命令、T 节点命令、跳线与中断点等。

【执行方式】

- 菜单栏:选择菜单栏中的"插入"→"连接符号"子菜单就是原理图连接符号菜单,
  如图 2-36 所示。
- 功能区:单击"插入"选项卡的"符号"面板中的按钮——对应,如图 2-37 所示,直
  接单击相应按钮,即可完成相应的功能操作。

图 2-36 "连接符号"子菜单

图 2-37 "符号"面板

- 快捷键：上述各项命令都有相应的快捷键。例如，设置"右下角"命令的快捷键是 F3，绘制"向下 T 节点"的快捷键是 F7 等。

下面以 T 节点为例，讲解连接符号的操作步骤与选项说明。

【操作步骤】

在光标处于放置 T 节点的状态时按〈Tab〉键，旋转 T 节点连接符号，变换 T 节点连接模式，EPLAN 有 4 个方向的"T 节点"连接命令，而每一个方向的 T 节点连接符号又有 4 种连接关系可选，见表 2-1。

表 2-1　变换 T 节点方向

方　向		按　钮	按〈Tab〉键次数			
			0	1	2	3
T 节点方向	向下					
	向上					
	向右					
	向左					

【选项说明】

1）设置 T 节点的属性。插入 T 节点如图 2-38 所示。双击 T 节点即可打开 T 节点的属性编辑面板，如图 2-39 所示。

2）在 T 节点属性设置对话框中显示 T 节点的 4 个方向及不同方向的目标连线顺序，勾选"作为点描绘"复选框，T 节点显示为"点"模式，取消勾选该复选框，根据选择的 T 节点方向显示对应的符号或其变量关系，如图 2-40 所示。

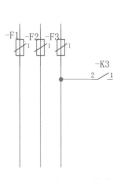

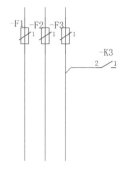

图 2-38　插入 T 节点　　　图 2-39　T 节点属性设置　　　图 2-40　取消"点"模式

实例 12

实例 12　固态继电器符号

本例绘制的固态继电器符号如图 2-41 所示。

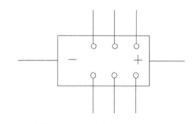

图 2-41　固态继电器符号

思路分析

本例主要先利用 PLC 盒子命令绘制矩形，再利用 PLC 连接点绘制输入、输出接线端。本例中将综合运用一些 PC 命令，让读者掌握一些 PLC 绘图的技巧。

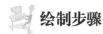 **知识要点**

☕ "PLC 盒子"命令

☕ "PLC 连接点"命令

绘制步骤

1. 配置绘图环境

选择菜单栏中的"页"→"新建"命令，创建"总览（交互式）"图纸页"＝CA1+EAA/4 固态继电器符号"，双击图纸页名称进入图纸页 4 的编辑环境。

2. 绘制 PLC 盒子

1）单击"插入"选项卡的"设备"面板中的"PLC 盒子"按钮▦，此时光标变成十字形状并附加一个 PLC 盒子符号▦。

2）将光标移动到需要插入 PLC 盒子的位置上，移动光标，选择 PLC 盒子的插入点，单击确定 PLC 盒子的角点，再次单击确定另一个角点，确定插入 PLC 盒子，弹出"属性（元件）：PLC 盒子"对话框，在"PLC 盒子"选项卡中"显示设备标识符"文本框中输入 PLC 盒子的编号 A1，如图 2-42 所示。

图 2-42 "PLC 盒子"选项卡

3）打开"格式"选项卡，设置宽度与高度，绘制一个宽度为 100 mm、高度为 50 mm 的 PLC 矩形，如图 2-43 所示。

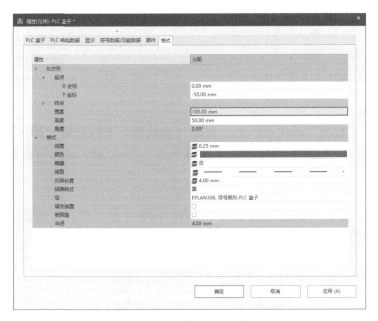

图 2-43　"格式"选项卡

4）单击"确定"按钮，显示插入的 PLC 盒子，如图 2-44 所示，按右键"取消操作"命令或按〈Esc〉键即可退出该操作。

3. 插入输入连接点

单击"插入"选项卡的"设备"面板中的"PLC 连接点"按钮 下拉菜单的"PLC 连接点（数字输入）"按钮，将光标移动到 PLC 盒子边框上，移动光标，单击鼠标左键确定 PLC 连接点（数字输入）的位置，插入输入连接点 1、2、3，如图 2-45 所示。

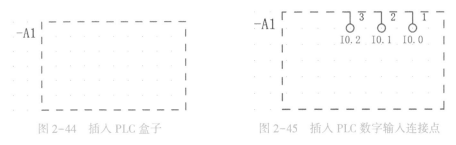

图 2-44　插入 PLC 盒子　　　　　图 2-45　插入 PLC 数字输入连接点

4. 插入输出连接点

单击"插入"选项卡的"设备"面板中的"PLC 连接点"按钮 下拉菜单的"PLC 连接点（数字输出）"按钮，将光标移动到 PLC 盒子边框上，移动光标，单击鼠标左键确定 PLC 连接点（数字输出）的位置，插入输出连接点 4、5、6，如图 2-46 所示。

5. 插入电源连接点

单击"插入"选项卡的"设备"面板中的"PLC 连接点"按钮 下拉菜单的"PLC 连接点电源"按钮，将光标移动到 PLC 盒子边框上，移动光标，单击鼠标左键确定 PLC 电源连接点+、-，如图 2-47 所示。

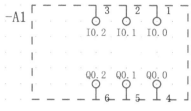

图 2-46 插入 PLC 数字输出连接点

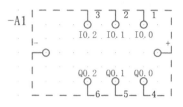

图 2-47 插入 PLC 电源连接点

6. 插入宏边框

单击功能区"主数据"选项卡"宏"面板"导航器"下拉按钮"插入宏边框"按钮，确定边框角点，单击右键选择"取消操作"命令或按〈Esc〉键，退出当前宏边框的绘制，如图 2-48 所示。

7. 组合图形

选择整个图形，单击"编辑"选项卡"组合"面板中的"组合"按钮，单独的线条元素变为一个整体图符，如图 2-49 所示。

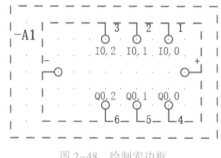

图 2-48 绘制宏边框

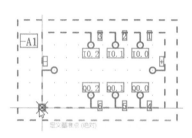

图 2-49 选择图形

8. 创建宏

单击功能区"主数据"选项卡"宏"面板"创建"按钮，框选所有对象，系统将弹出如图 2-50 所示的宏"另存为"对话框，在"文件名"文本框中输入宏名称 JDQ. ema，在"描述"列表中输入"固态继电器符号"，在"附加"下选择"定义基准点"命令，选择宏边框左下角点，单击"确定"按钮，关闭对话框，完成宏的创建。

图 2-50 "另存为"对话框

🐟 功能详解——PLC 盒子

【执行方式】

- 菜单栏：选择菜单栏中的"插入"→"盒子连接点/连接板/安装板"→"PLC盒子"命令。
- 功能区：单击"插入"选项卡的"设备"面板中的"PLC 盒子"按钮。

【选项说明】

在插入 PLC 盒子的过程中，用户可以对 PLC 盒子的属性进行设置。双击 PLC 盒子或在插入 PLC 盒子后，弹出如图 2-51 所示的 PLC 盒子属性设置对话框，在该对话框中可以对 PLC 盒子的属性进行设置。

图 2-51　PLC 盒子属性设置对话框

1）在"显示设备标识符"中输入 PLC 盒子的编号，PLC 盒子名称可以是信号的名称，也可以自己定义。

2）打开"符号数据/功能数据"选项卡，如图 2-52 所示，显示 PLC 盒子的符号数据，在"编号/名称"文本框中显示 PLC 盒子编号名称，单击"…"按钮，弹出"符号选择"对话框，在符号库中重新选择 PLC 盒子符号，如图 2-53 所示。

3）打开"部件"选项卡，如图 2-54 所示，显示 PLC 盒子中已添加部件。在左侧"部件编号-件数/数量"列表中显示添加的部件。单击空白行"部件编号"中的"…"按钮，系统弹出"部件选择"对话框，在该对话框中显示部件管理库，可浏览所有部件信息，为元件符号选择正确的部件。

功能详解——PLC 连接点

通常情况下，PLC 连接点代号在每张卡中仅允许出现一次，而在 PLC 中可多次出现。如果附加通过插头名称区分 PLC 连接点，则连接点代号允许在一张卡中多次出现。连接点描述每个通道只允许出现一次，而每个卡可出现多次。卡电源可具有相同的连接点描述。

在实际设计中常用的 PLC 连接点有以下几种，如图 2-55 所示。

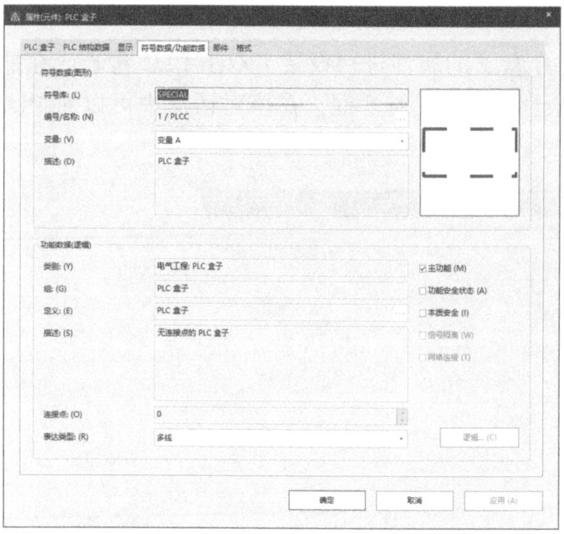

图 2-52 "符号数据/功能数据"选项卡 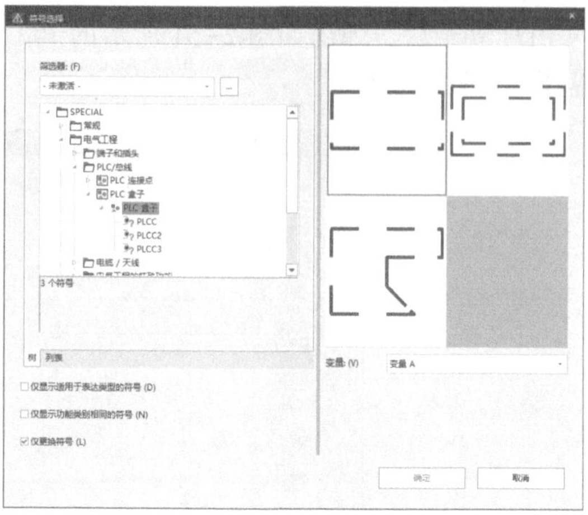　　　　　　　图 2-53 "符号选择"对话框

图 2-54 "部件"标签

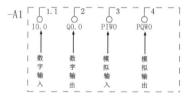

图 2-55 常用的 PLC 连接点

- PLC 数字输入（DI）；
- PLC 数字输出（DO）；
- PLC 模拟输入（AI）；
- PLC 模拟输出（AO）；
- PLC 卡电源；
- PLC 连接点电源。

【执行方式】
- 菜单栏：选择菜单栏中的"插入"→"盒子连接点/连接板/安装板"命令。

● 功能区：单击"插入"选项卡的"设备"面板中的"PLC 连接点"按钮下拉菜单

【操作步骤】

执行上述命令，选择"PLC 连接点（数字输入）"命令，此时光标变成交叉形状并附加一个 PLC 连接点（数字输入）符号。将光标移动到 PLC 盒子边框上，移动光标，单击鼠标左键确定 PLC 连接点（数字输入）的位置，如图 2-56 所示。

图 2-56　放置 PLC 连接点（数字输入）

此时光标仍处于放置 PLC 连接点（数字输入）的状态，重复上述操作可以继续放置其他的 PLC 连接点（数字输入）。PLC 连接点（数字输入）放置完毕，按右键"取消操作"命令或按〈Esc〉键即可退出该操作。

在光标处于放置 PLC 连接点（数字输入）的状态时按〈Tab〉键，旋转 PLC 连接点（数字输入）符号，变换 PLC 连接点（数字输入）模式。

【选项说明】

在插入 PLC 连接点（数字输入）的过程中，用户可以对 PLC 连接点（数字输入）的属性进行设置。双击 PLC 连接点（数字输入）或在插入 PLC 连接点（数字输入）后，弹出如图 2-57 所示的 PLC 连接点（数字输入）属性设置对话框，在该对话框中可以对 PLC 连接点（数字输入）的属性进行设置。

图 2-57　PLC 连接点（数字输入）属性设置对话框

- 在"显示设备标识符"中输入 PLC 连接点（数字输入）的编号。单击"…"按钮，弹出如图 2-58 所示的"设备标识符"对话框，在该对话框中选择 PLC 连接点（数字输入）的标识符，完成选择后，单击"确定"按钮，关闭对话框，返回 PLC 连接点（数字输入）属性设置对话框。
- 在"连接点代号"文本框中自动输入 PLC 连接点（数字输入）连接代号 1.1。
- 在"地址"文本框中自动显示地址 I0.0。其中，PLC（数字输入）地址以 I 开头，PLC 连接点（数字输出）地址以 Q 开头，PLC 连接点（模拟输入）地址以 PIW 开头，PLC 连接点（模拟输出）地址以 PQW 开头。

完成设置的 PLC 连接点（数字输入）如图 2-59 所示。PLC 连接点（数字输出）、PLC 连接点（模拟输入）、PLC 连接点（模拟输出）的插入方法与 PLC（数字输入）相同，这里不再赘述。

图 2-58　"设备标识符"对话框

图 2-59　放置 PLC 连接点（数字输入）

实例 13　加热器符号

实例 13

本例绘制的加热器符号如图 2-60 所示。

思路分析

前面实例中分别介绍过"符号"和"创建宏"命令的使用，本例中将用到这两个命令。让读者通过练习进一步熟悉宏命令的使用方法。

知识要点

"符号"命令

"创建宏"命令

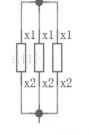

图 2-60　加热器符号

绘制步骤

1. 配置绘图环境

选择菜单栏中的"页"→"新建"命令，创建"多线（交互式）"图纸页"=CA1+EAA/5 加热器符号"，双击图纸页名称，进入图纸页 5 的编辑环境。

2. 插入符号

选择菜单栏中的"插入"→"符号"命令，弹出"符号选择"对话框，在 IEC_symbol 符号库中选择电阻符号，如图 2-61 所示。

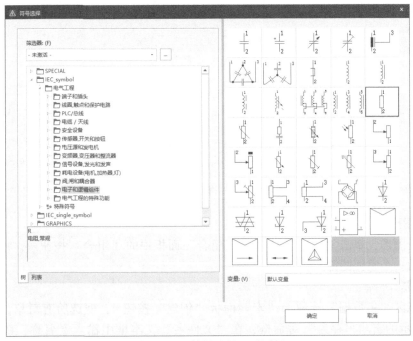

图 2-61　"符号选择"对话框

1）单击"确定"按钮，在光标上显示浮动的元件符号，单击鼠标左键，在工作区放置符号，自动弹出"属性（元件）：常规设备"对话框，单击"确定"按钮，关闭对话框，符号放置结果如图 2-62 所示。

2）选择菜单栏中的"编辑"→"复制"并粘贴命令，向右复制两个电阻符号，结果如图 2-63 所示。

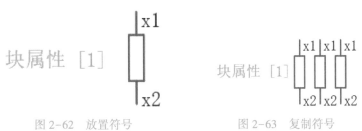

图 2-62　放置符号　　　　　　　图 2-63　复制符号

3）单击功能区"插入"选项卡的"符号"面板中的"右下角"按钮▢，移动光标至元件符号垂直位置，按下〈Tab〉键，根据实际情况旋转角，单击鼠标左键确定角连接，如图 2-64 所示。按右键"取消操作"命令或按〈Esc〉键即可退出该操作。

4）单击"插入"选项卡的"符号"面板中的"连接分线器（十字接头）（O）"按钮✦，此时光标变成交叉形状并附加一个连接分线器符号✦。将光标移动到想要需要插入连接分线器的元件水平或垂直位置上，移动光标，在插入点单击鼠标左键放置连接分线器。放置连接分线器后弹出连接分线器属性设置对话框，在"显示设备标识符"中输入空，单击"确定"按钮，关闭对话框。出现红色的连接符号表示电气连接成功，如图 2-65 所示。

3. 插入宏边框

单击功能区"主数据"选项卡"宏"面板"导航器"下拉按钮"插入宏边框"按钮，确定边框角点，单击右键选择"取消操作"命令或按〈Esc〉键，退出当前宏边框的绘制，如图 2-66 所示。

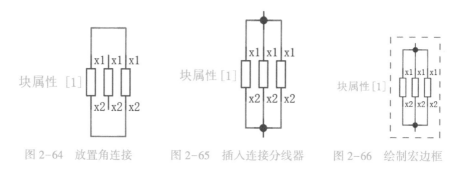

图 2-64　放置角连接　　　图 2-65　插入连接分线器　　　图 2-66　绘制宏边框

4. 组合图形

选择整个图形，单击"编辑"选项卡"组合"面板中的"组合"按钮，将元件符号与连接符号变为一个整体图符。

5. 创建宏

单击功能区"主数据"选项卡"宏"面板"创建"按钮，框选所有对象，系统将弹出如图 2-67 所示的宏"另存为"对话框，在"文件名"文本框中输入宏名称，在"描述"列表中输入局部加热器符号，在"附加"下选择"定义基准点"命令，选择基准点，如图 2-68 所示，单击"确定"按钮，关闭对话框，完成宏的创建。

图 2-67　"另存为"对话框

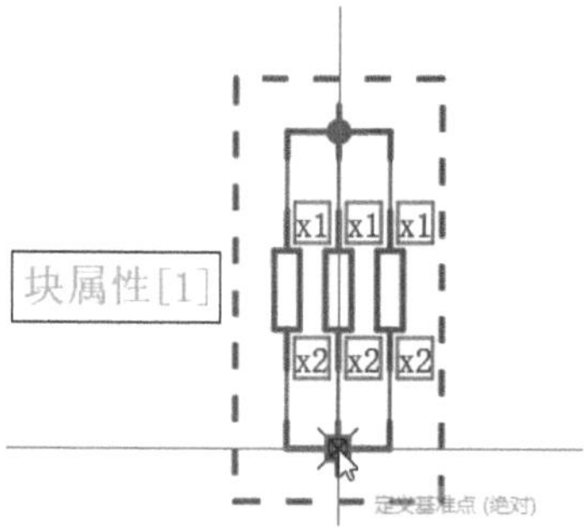

图 2-68　选择基准点

实例 14

实例 14　电阻温度计符号

本例绘制的电阻温度计如图 2-69 所示。

电阻温度计

图 2-69　电阻温度计

思路分析

本例主要利用"直线"和"圆"命令绘制图形，然后利用"修剪"命令对细节进行修改后即可得到所需图形。

 知识要点

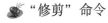 "圆"命令
 "修剪"命令

 绘制步骤

1. 配置绘图环境

选择菜单栏中的"页"→"新建"命令，创建"多线（交互式）"图纸页"=CA1+EAA/6 电阻温度计符号"，双击图纸页名称进入图纸页 6 的编辑环境。

2. 绘制图形

1）单击"插入"选项卡的"图形"面板中的"圆"按钮⊙，绘制半径为 15 mm 的圆，设置线宽为 0.13 mm，如图 2-70 所示。

2）单击"插入"选项卡的"图形"面板中的"直线"按钮⁄，过圆心向上绘制长度为 30 mm 的竖直直线，设置线宽为 0.13 mm，如图 2-71 所示。

3）单击"插入"选项卡的"图形"面板中"长方形"按钮□，再绘制一个长为 18 mm、宽为 10 mm 的矩形，设置线宽为 0.13 mm，结果如图 2-72 所示。

图 2-70　绘制圆

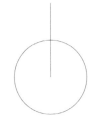

图 2-71　绘制直线

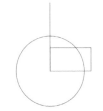

图 2-72　绘制长方形

4）单击"编辑"选项卡"图形"面板中的"移动"按钮▦，输入相对坐标（-9 -5），移动长方形，结果如图 2-73 所示。

5）选择菜单栏中的"编辑"→"复制"和"粘贴"命令，向两侧复制竖直直线，输入相对坐标（3 0）、（-3 0），结果如图 2-74 所示。

6）单击"插入"选项卡的"图形"面板中的"圆"按钮⊙，绘制半径为 1 mm 的圆，设置线宽为 0.13 mm，如图 2-75 所示。

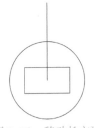

图 2-73　移动长方形

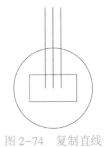

图 2-74　复制直线

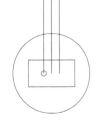

图 2-75　绘制圆

7）选择菜单栏中的"编辑"→"复制"和"粘贴"命令，再复制出3个圆，输入相对坐标（6 0）、（0-5）、（6 -5），结果如图2-76所示。

8）单击"编辑"选项卡"图形"面板中的"修剪"按钮，修剪接线端，结果如图2-77所示。

3. 添加文字

单击"编辑"选项卡的"文本"面板中的"文本"按钮 **T**，在引脚右侧输入连接点代号"1""2""3""4"，在文本"格式"选项卡中设置"角度"为"90°"，输入"1+""2+"，结果如图2-78所示。

4. 图形组块

选择整个图形，单击"编辑"选项卡下"块"面板中的"组块"按钮，单独的线条元素变为一个整体图符，创建的效果如图2-79所示。

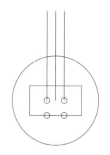
图 2-76　复制圆

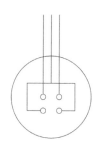
图 2-77　修剪直线

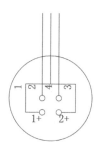
图 2-78　添加文字

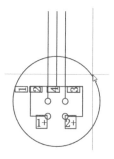
图 2-79　组块效果

实例 15　电容器风扇符号

实例 15

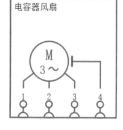
图 2-80　电容器风扇符号

本例绘制的电容器风扇符号如图2-80所示。

思路分析

本例主要利用"黑盒"命令和"设备连接点"命令进行绘制，"设备连接点"命令用于绘制不同形状的接线端。

知识要点

"黑盒"命令

"插入符号"命令

"设备连接点"命令

绘制步骤

1. 配置绘图环境

选择菜单栏中的"页"→"新建"命令，创建"多线原理图（交互式）"图纸页"=CA1+EAA/7 电容器风扇符号"，双击图纸页名称进入图纸页7的编辑环境。

2. 插入黑盒

1）选择菜单栏中的"插入"→"盒子连接点/连接板/安装板"→"黑盒"命令，单击确定黑盒的一个顶点，输入相对坐标（40 42），单击〈Enter〉键，确定其对角顶点，完成黑盒的插入。

2）弹出黑盒属性设置对话框，在"显示设备标识符"中输入黑盒的编号 U1，在"功能文本"文本框中输入"电容器风扇"，如图 2-81 所示。

图 2-81　黑盒属性设置对话框

3）打开"显示"选项卡，选中"功能文本"属性，单击"取消固定"按钮，如图 2-82 所示。

图 2-82　"显示"选项卡

4）单击"确定"按钮，关闭对话框。按〈Esc〉键即可退出该操作，显示如图 2-83 所示的黑盒。单击选中绘制的黑盒，单击鼠标右键，选择"文本"→"移动属性文本"命令，将功能文本移动到黑盒左下角，如图 2-84 所示。

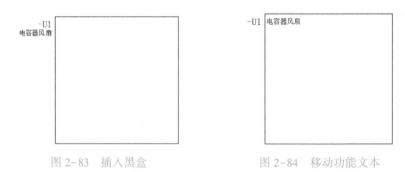

图 2-83　插入黑盒　　　　　　　　　图 2-84　移动功能文本

3. 插入符号

1）选择菜单栏中的"插入"→"符号"命令，弹出"符号选择"对话框，在 GB_symbol 符号库中选择三相异步电动机符号，如图 2-85 所示。

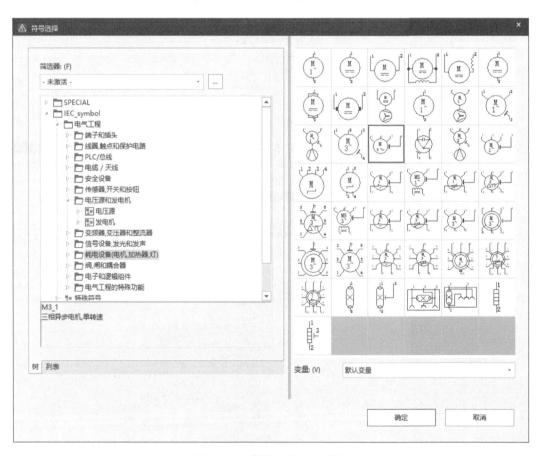

图 2-85　"符号选择"对话框

2）单击"确定"按钮，在光标上显示浮动的元件符号，单击鼠标左键，在黑盒内放置符号，自动弹出"属性（元件）：常规设备"对话框，单击"确定"按钮，关闭对话框，结果如

图 2-86 所示。

4. 插入设备连接点

1）选择菜单栏中的"插入"→"盒子连接点/连接板/安装板"→"设备连接点"命令，此时光标变成十字形状并附加一个设备连接点符号。在黑盒内单击插入设备连接点，弹出如图 2-87 所示的设备连接点属性设置对话框，在该对话框中默认"连接点代号"为 1。

2）打开"符号数据/功能数据"选选项卡，在"编号/名称"栏单击"…"按钮，弹出"符号选择"对话框，选择"DCPFEM"。

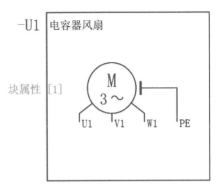

图 2-86　放置符号

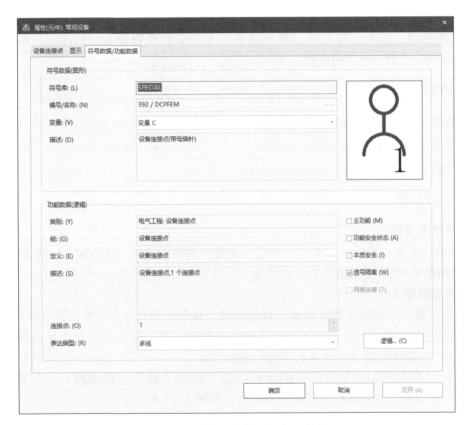

图 2-87　设备连接点属性设置对话框

3）完成设置后，光标仍处于插入设备连接点的状态，重复上述操作可以继续插入设备连接点 2、3、4。设备连接点插入完毕，按〈Esc〉键即可退出该操作，如图 2-88 所示。

4）单击功能区"编辑"选项卡下"组合"面板中的"组合"按钮，将黑盒与设备连接点或端子等对象组合成一个整体。

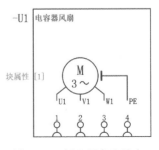

图 2-88　插入设备连接点

实例 16　预制电缆模块

实例 16

本例绘制的预制电缆模块符号如图 2-89 所示。

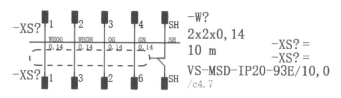

图 2-89　预制电缆模块符号

思路分析

本例主要利用"插头"命令和"插头定义"命令绘制两组插头,利用"屏蔽"命令和"电缆定义"命令在插头间绘制电缆。

知识要点

* "插针"命令
* "电缆定义"命令
* "屏蔽"命令

绘制步骤

1. 配置绘图环境

选择菜单栏中的"页"→"新建"命令,创建"多线原理图(交互式)"图纸页"=CA1+EAA/8 预制电缆模块",双击图纸页名称进入图纸页 8 的编辑环境。

2. 绘制电缆插头

1)单击"插入"选项卡的"插头"面板中的"插针"按钮 ,光标上显示浮动的插针符号,单击鼠标左键放置插针,自动弹出端子属性设置对话框,在"显示设备标示符"文本框内输入"XS?",默认连接点代号为 1,如图 2-90 所示。

2)打开"符号数据/功能数据"选项卡,在"编号/名称"右侧单击"…"按钮,弹出"符号选择"对话框,选择插针符号的图形符号,如图 2-91 所示。

3)单击"确定"按钮,关闭所有对话框。此时光标仍处于放置插针状态,重复上述操作可以继续放置其他的插针 2、3、4、SH,如图 2-92 所示。按右键"取消操作"命令或按〈Esc〉键即可退出该操作。

4)单击"编辑"选项卡"图形"面板中的"镜像"按钮 ,向下镜像上面绘制的多个插针,镜像过程中按下〈Ctrl〉键,保留源对象,镜像后的插针组自动进行电气连接,结果如图 2-93 所示。

5)单击"插入"选项卡的"插头"面板中的"插头定义"按钮 ,光标上显示浮动的插头定义符号,单击鼠标左键放置插头定义,自动弹出端子属性设置对话框,如图 2-94 所示,在"显示设备标示符"文本框内输入"XS?"。

图 2-90　属性设置对话框

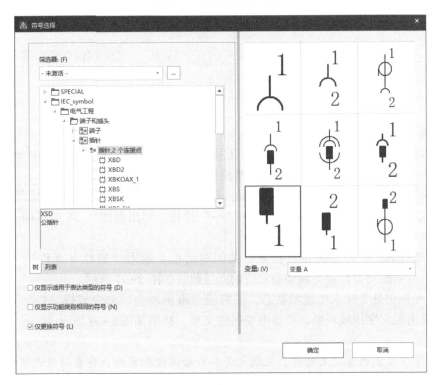

图 2-91　"符号选择"对话框

图 2-92 显示放置的插针符号

图 2-93 镜像插头

此时，在原理图中显示包含 5 个插针的插头定义"XS?="，同样的方法，放置另一个插头定义，结果如图 2-95 所示。

图 2-94 属性设置对话框

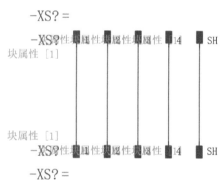

图 2-95 绘制插头

3. 绘制电缆

1）单击功能区"插入"选项卡"电缆/连接"面板"电缆"按钮▦，此时光标变成交叉形状并附加一个电缆符号▦，单击鼠标左键确定插入电缆位置。

2）弹出"属性（元件）：电缆"对话框，在"显示设备标识符"中输入电缆的编号 W1，在"类型"文本框中选择电缆的类型，单击"…"按钮，弹出如图 2-96 所示的"部件选择"对话框，在该对话框中选择电缆的型号。

3）完成选择后，单击"确定"按钮，关闭对话框。返回"属性（元件）：电缆"对话框，根据显示的电缆类型自动更新类型对应的连接数，如图 2-97 所示。

4）此时光标仍处于插入电缆的状态，按右键"取消操作"命令或按〈Esc〉键即可退出该操作。结果出现文字压线现象，移动电缆属性文本，结果如图 2-98 所示。

🔔 注意

在 EPLAN 中放置电缆定义时候，电缆定义和自动连线相交处，会自动生成电缆连接定义，显示默认的电缆颜色编号，图中不显示电缆连接定义点符号，但存在电缆定义点。需要设置电

图 2-96　"部件选择"对话框

图 2-97　"属性（元件）：电缆"对话框

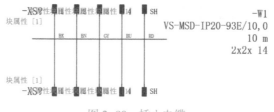

图 2-98 插入电缆

缆连接定义的符号属性，才能显示。

5）双击原理图中最左侧的电缆连接点，自动弹出"属性（元件）：连接定义点"对话框，在"颜色/编号"栏输入"WHOG"，在"截面积/直径"栏输入 0.14，如图 2-99 所示，定义电缆属性。

打开"显示"选项卡，选中"连接：截面积/直径"属性，在右侧列表的"隐藏"下拉列表中选择"否"，如图 2-100 所示，在原理图中显示电缆的截面积/直径值 0.14。

同样的方法，设置其余电缆属性，结果如图 2-101 所示。

图 2-99 "属性（元件）：连接定义点"对话框

单击"插入"选项卡"电缆/连接"面板"屏蔽"按钮 ✛，此时光标变成交叉形状并附加一个屏蔽符号 ✛。单击鼠标左键确定屏蔽第一点，向左移动光标，单击鼠标左键确定第二点，如图 2-102 所示。按右键"取消操作"命令或按〈Esc〉键即可退出该操作。

🔔 注意

在图纸中绘制屏蔽的时候，需要从右往左放置，屏蔽符号本身带有一个连接点，具有连接属性。

图 2-100　截面积/直径

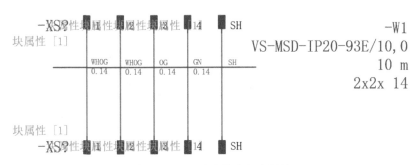

图 2-101　显示连接定义点属性

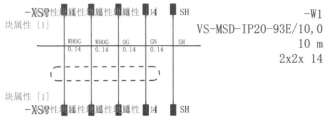

图 2-102　插入屏蔽

单击"插入"选项卡"符号"面板"T 节点（向左）"按钮，放置向左的 T 节点，放置完毕，按右键"取消操作"命令或按〈Esc〉键即可退出该操作。结果如图 2-103 所示。

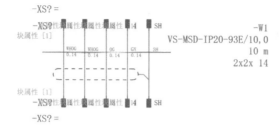

图 2-103　放置 T 节点

🌸 功能详解——插针

【执行方式】

● 功能区：单击"插入"选项卡下"插头"面板"插针"按钮⚙。

🌸 功能详解——插头定义

【执行方式】

● 菜单栏：选择菜单栏中的"插入"→"插头定义"命令。
● 功能区：单击"插入"选项卡下"插头"面板"插头定义"按钮🌸。

🌸 功能详解——电缆定义

【执行方式】

● 菜单栏：选择菜单栏中的"插入"→"电缆定义"命令。
● 功能区：单击"插入"选项卡"电缆/连接"面板"电缆"按钮▦。

【选项说明】

在插入电缆的过程中，用户可以对电缆的属性进行设置。双击电缆或在插入电缆后，弹出如图 2-104 所示的电缆属性设置对话框，在该对话框中可以对电缆的属性进行设置。

图 2-104　电缆属性设置对话框

- 在"显示设备标识符"中输入电缆的编号。
- 在"类型"文本框中选择电缆的类型，单击"…"按钮，弹出如图 2-105 所示的"部件选择"对话框，在该对话框中选择电缆的型号，完成选择后，单击"确定"按钮，关闭对话框，返回电缆属性设置对话框，显示选择类型后，根据类型自动更新类型对应的连接数。完成类型选择后的电缆显示结果如图 2-106 所示。

图 2-105　"部件选择"对话框

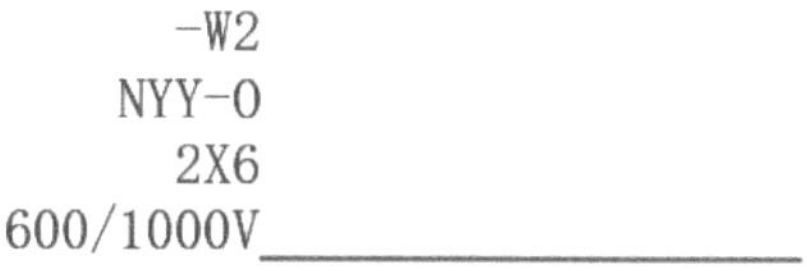

```
-W2
NYY-O
2X6
600/1000V
```

图 2-106　设置电缆属性

- 打开"符号数据/功能数据"选项卡，如图 2-107 所示，显示电缆的符号数据，在"编号/名称"文本框中显示电缆符号编号，单击"…"按钮，弹出"符号选择"对话框，在符号库中重新选择电缆符号，如图 2-108 所示。

图 2-107　"符号数据/功能数据"选项卡

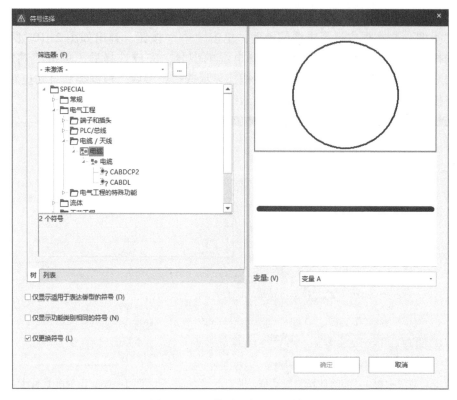

图 2-108　"符号选择"对话框

实例 17　三相四极暗插座接线模块

实例 17

本例绘制的三相四极暗插座的平面图及接线示意图如图 2-109 所示。从右侧接线图中可以看出，上插接保护接地线 PE 接电气设备的外壳及控制器，其余接 3 根相线（L1、L2、L3）。

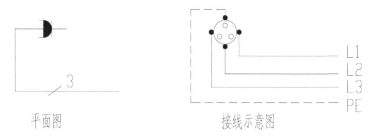

平面图　　　　　　　　　　　接线示意图

图 2-109　三相四极暗插座接线模块

 思路分析

本例主要利用"黑盒"命令和"设备连接点"命令绘制三相四极暗插座，再利用"电位连接点"命令用于连接插座不同的接线端。

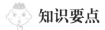 **知识要点**

🎩 "黑盒" 命令
🎩 "电位连接点" 命令
🎩 "设备连接点" 命令

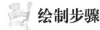 **绘制步骤**

1. 配置绘图环境

选择菜单栏中的 "页" → "新建" 命令，创建 "多线原理图（交互式)" 图纸页 " =CA1+ EAA/9 三相四极暗插座接线模块"，双击图纸页名称进入图纸页 9 的编辑环境。

2. 插入黑盒

选择菜单栏中的 "插入" → "盒子连接点/连接板/安装板" → "黑盒" 命令，单击确定黑盒的一个顶点，输入相对坐标（32 24），单击〈Enter〉键，确定其对角顶点，完成黑盒的插入，如图 2-110 所示。

3. 插入设备连接点

1）选择菜单栏中的 "插入" → "盒子连接点/连接板/安装板" → "设备连接点" 命令，此时光标变成十字形状并附加一个设备连接点符号。在黑盒内单击插入设备连接点 1、2、3、4，结果如图 2-111 所示。

图 2-110　插入黑盒

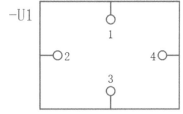
图 2-111　插入设备连接点

2）单击功能区 "编辑" 选项卡下 "组合" 面板中的 "组合" 按钮，将黑盒与设备连接点和端子等对象组合成一个整体。

3）双击组合后的黑盒，弹出属性设置对话框，打开 "部件" 选项卡。在 "部件编号" 栏单击 "…" 按钮，弹出 "部件选择" 对话框，选择 "插头" 部件，如图 2-112 所示。

4）单击 "确定" 按钮，在 "部件" 选项卡 "部件编号" 栏显示添加的部件，如图 2-113 所示，单击 "确定" 按钮，完成设备的选型。

5）选择菜单栏中的 "插入" → "连接符号" → "角（右下)" 命令，放置角，放置过程中按下〈Tab〉键，旋转不同方位的角节点，放置完毕，按右键 "取消操作" 命令或按〈Esc〉键即可退出该操作。结果如图 2-114 所示。

6）选择菜单栏中的 "插入" → "电位连接点" 命令，此时光标变成交叉形状并附加一个电位连接点符号。在光标处于放置电位连接点的状态时按〈Tab〉键，旋转电位连接点连接符号，变换电位连接点连接模式，电位连接点与元件间显示自动连接，单击鼠标左键插入电位连接点。

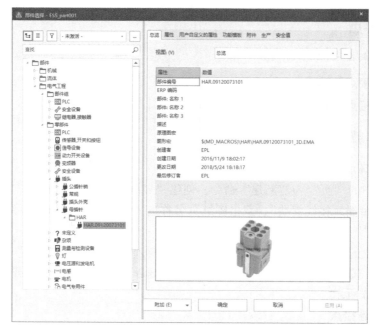

图 2-112 "部件选择"对话框

图 2-113 "部件"选项卡

7）弹出电位连接点属性设置对话框，在该对话框中"电位名称"文本框中输入电位名称 L1，单击"确定"按钮，关闭对话框。

此时光标仍处于插入电位连接点的状态，重复上述操作可以继续插入其他的电位连接点：L2、L3、PE，结果如图 2-115 所示。

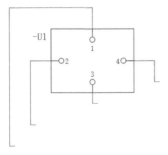

图 2-114　角连接

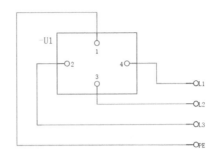

图 2-115　插入电位连接点

 功能详解——电位连接点

【执行方式】
- 菜单栏：选择菜单栏中的"插入"→"电位连接点"命令。
- 功能区：单击"插入"选项卡"电缆/连接"面板"连接"按钮下拉列表中的"电位连接点"按钮。

【选项说明】

在插入电位连接点的过程中，用户可以对电位连接点的属性进行设置。双击电位连接点或在插入电位连接点后，弹出如图 2-116 所示的电位连接点属性设置对话框，在该对话框中可以对电位连接点的属性进行设置，在"显示设备标识符"中输入电位连接点的编号，电位连接点名称可以是信号的名称，也可以自行定义。

图 2-116　电位连接点属性设置对话框

在光标处于放置电位连接点的状态时按〈Tab〉键，旋转电位连接点连接符号，变换电位连接点连接模式，切换变量，也可在属性设置对话框中切换变量，如图 2-117 所示。

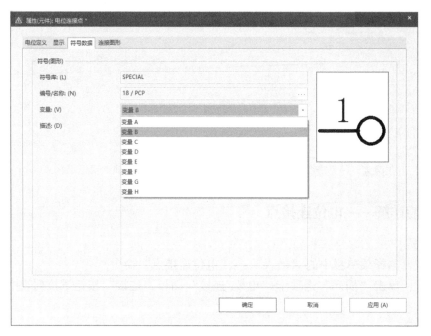

图 2-117　选择变量

【知识延伸】

使用"电位"导航器可以快速编辑电位连接，使用电位定义可以定义导线的电位。

选择菜单栏中的"项目数据"→"连接"→"电位导航器"命令，打开"电位"导航器，如图 2-118 所示，显示元件下的电位定义点及其信息。

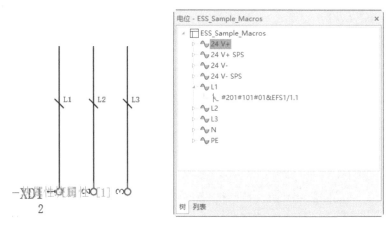

图 2-118　电位定义点与"电位"导航器

在选中的导线上单击鼠标右键，选择"属性"命令，弹出如图 2-119 所示的"属性（元件）：电位定义点"对话框，在"电位名称"中输入电位定义点的电位名称。

图 2-119　"属性（元件）：电位定义点"对话框

实例 18　母线铜排模块

实例 18

本例绘制的母线铜排模块符号如图 2-120 所示。

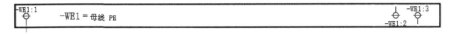

图 2-120　母线铜排模块符号

思路分析

本例主要利用"矩形"命令表示母线排，"母线连接点"命令和"端子排定义"命令定义母线接线端。

知识要点

"长方形"命令

"母线连接点"命令

"端子排定义"命令

绘制步骤

1. 配置绘图环境

选择菜单栏中的"页"→"新建"命令，创建"多线原理图（交互式）"图纸页"＝CA1＋

EAA/10 母线铜排模块",双击图纸页名称进入图纸页 10 的编辑环境。

2. 绘制母线排

1）单击"插入"选项卡的"图形"面板中"长方形"按钮□,绘制一个长为 144 mm,宽为 8 mm 的矩形,结果如图 2-121 所示。

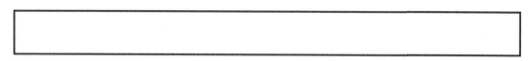

图 2-121　绘制矩形

2）选择菜单栏中的"插入"→"盒子连接点/连接板/安装板"→"母线连接点"命令,此时光标变成交叉形状并附加一个母线连接点符号⏚。

3）在光标处于放置母线连接点的状态时按〈Tab〉键,旋转母线连接点连接符号,变换母线连接点连接模式。将光标移动到想要需要插入母线连接点的元件水平或垂直位置上,出现红色的连接符号表示电气连接成功。

4）移动光标,选择母线连接点的插入点,单击鼠标左键确定插入母线连接点。

5）弹出如图 2-122 所示的母线连接点属性设置对话框,在"显示设备标识符"中输入母线连接点的设备标识符"WE1"和连接点代号"1",如图 2-122 所示。

图 2-122　母线连接点属性设置对话框

此时光标仍处于插入母线连接点的状态，重复上述操作可以继续插入其他的母线连接点
WE1:2/WE1:3。母线连接点插入完毕，按右键"取消操作"命令或〈Esc〉键即可退出该操
作。结果如图 2-123 所示。

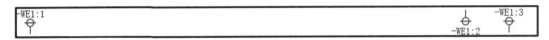

图 2-123　母线连接点插入结果

3. 添加母线定义

1）为了让别人能够看懂图纸，也可以在母线连接点上添加母线定义。选择菜单栏中的
"插入"→"端子排定义"命令，在长方形内部单击，弹出"属性（元件）：端子排定义"对
话框，在"显示设备标识符"文本框输入"WE1"，在"功能文本"文本框输入"母线 PE"，
如图 2-124 所示。

图 2-124　"属性（元件）：端子排定义"对话框

2）打开"符号数据/功能数据"选项卡，在"定义"文本框右侧单击"…"按钮，弹出
"功能定义"对话框，选择"母线"，如图 2-125 所示，单击"确定"按钮，返回"符号数据
/功能数据"选项卡，自动更新功能定义，如图 2-126 所示。

单击"确定"按钮，关闭对话框，结果如图 2-127 所示。

功能详解——母线连接点

【执行方式】
- 菜单栏：选择菜单栏中的"插入"→"母线连接点"命令。
- 功能区：单击"插入"选项卡"设备"面板"母线连接点"按钮。

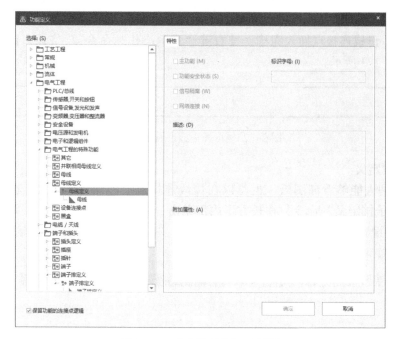

图 2-125 "功能定义"对话框

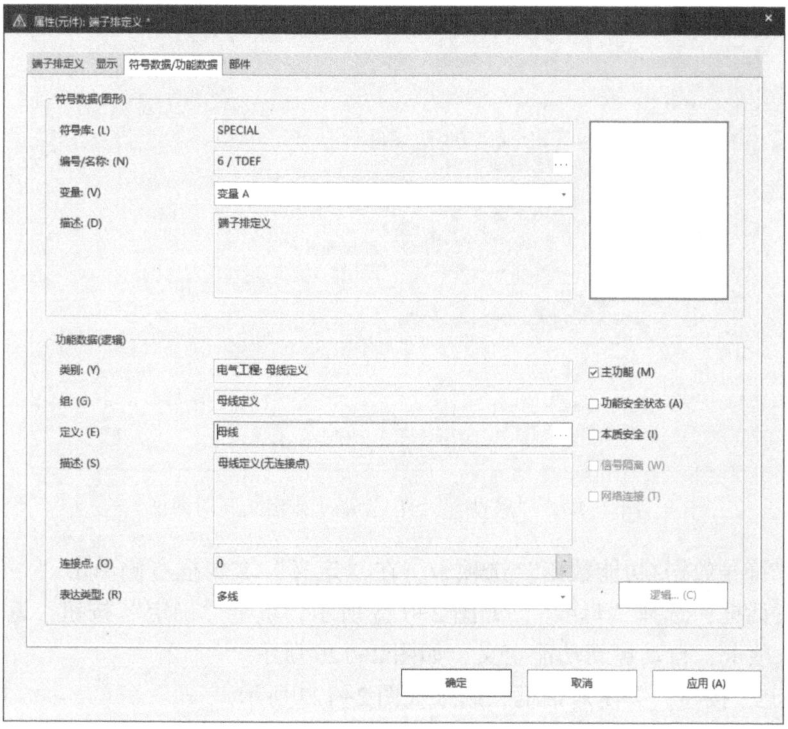

图 2-126 "符号数据/功能数据"选项卡

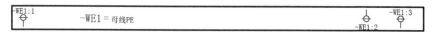

图 2-127 添加母线定义

功能详解——端子排定义

【执行方式】

- 菜单栏：选择菜单栏中的"插入"→"端子排定义"命令。
- 功能区：单击"插入"选项卡"端子"面板"端子排定义"按钮 。

【选项说明】

双击端子排定义符号"="，系统弹出如图 2-128 所示的"属性（元件）：端子排定义"对话框，设置端子排的功能定义，输入设备标识符"-X7"，完成设置后关闭该对话框，在原理图中显示端子排的图形化表示"-X7 ="，如图 2-129 所示。

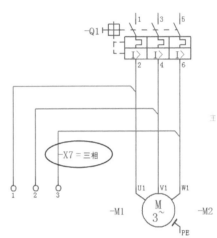

图 2-128　"属性（元件）：端子排定义"对话框　　　　图 2-129　插入端子排定义

第3章 机械电气工程图设计

机械电气工程是一类比较重要的电气工程，主要指应用在机床上的电气系统，故也可以称为机床电气工程，既包括应用在车床、磨床、钻床、铣床及镗床上的电气，也包括机床的电气控制系统、伺服驱动系统和计算机控制系统等。

本章主要介绍各种机械电气设计实例。通过本章的学习，读者需掌握 EPLAN 机械电气设计的方法和技巧。

实例 19　机床电气设计

本例绘制的机床电气原理图如图 3-1 所示。

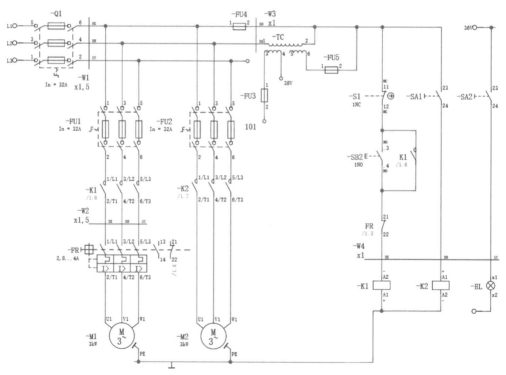

图 3-1　机床电气原理图

 思路分析

某机床电气原理图包括主电路、控制电路及照明电路。从电源到两台电动机的电路称之为主电路，这部分电路中通过的电流大；由接触器、继电器组成的电路称之为控制电路，采用 110 V 电源供电；照明电路中指示灯电压为 6 V，照明灯的电压为 24 V 安全电压。

使用面向对象的设计方法，首先在原理图中根据指定的部件编号直接插入设备，再利用连接符号连接原理图，最后根据需要插入电缆。

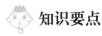 **知识要点**

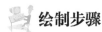 "设备"命令

🔘 "电缆定义"命令

🪑 **绘制步骤**

实例 19-1

1. 设置绘图环境

（1）创建项目

1）选择菜单栏中的"项目"→"新建"命令，弹出"创建项目"对话框，如图 3-2 所示，在"项目名称"文本框下输入创建新的项目名称"Machine Tool Control Circuit"，在"默认位置"文本框下选择项目文件的路径，在"基本项目"下拉列表中选择项目模板"GB_bas001.zw9"。

2）单击"确定"按钮，弹出"项目属性"对话框，显示当前项目的图纸的参数属性。默认"属性名-数值"列表中的参数。

3）单击"确定"按钮，关闭对话框，删除默认添加的"=CA1+EAA/1"图纸页文件，在"页"导航器中显示创建的空白新项目"Machine Tool Control Circuit. elk"，如图 3-3 所示。

图 3-2 "创建项目"对话框

图 3-3 空白新项目

（2）图页的创建

1）在"页"导航器中选中项目名称"Machine Tool Control Circuit. elk"，选择菜单栏中的"页"→"新建"命令，或在"页"导航器中选中项目名称上单击右键，选择"新建"命令，弹出"新建页"对话框。

2）在该对话框中"完整页名"文本框内输入电路图页名称，默认名称为"/1"，单击右侧"…"按钮，弹出如图 3-4 所示的"完整页名"对话框，设置高层代号与位置代号，得到

完整的页名。在"页类型"下拉列表中选择"多线原理图（交互式）"，"页描述"文本框输入图纸描述"电气原理图"，在"属性名-数值"列表中默认显示图纸的表格名称、图框名称、图纸比例与栅格大小。完成设置的对话框如图 3-5 所示。

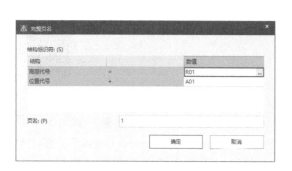

图 3-4 "完整页名"对话框   图 3-5 "新建页"对话框

3）单击"确定"按钮，在"页"导航器中创建原理图页 1。在"页"导航器中显示添加原理图页结果，如图 3-6 所示。

图 3-6 新建图页文件

2. 绘制主电路

主电路有 2 台电动机：M1 为主电动机，拖动主轴带着工件旋转；M2 为冷却泵电动机，拖动冷却泵输出冷却液。

实例 19-2

（1）插入电机元件

1）选择菜单栏中的"插入"→"设备"命令，弹出如图 3-7 所示的"部件选择"对话框，选择需要的元件部件-电机，完成选择后，单击"确定"按钮，原理图中在光标上显示浮动的元件符号，选择需要放置的位置，单击鼠标左键，在原理图中放置元件。

图 3-7　"部件选择"对话框

2）继续放置电机 M2，结果如图 3-8 所示。同时，在"设备"导航器中显示新添加的电机元件 M1、M2，如图 3-9 所示。

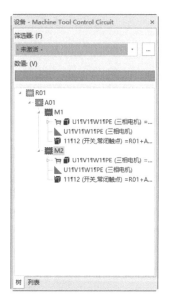

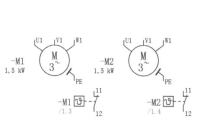

图 3-8　放置电机设备　　　　　图 3-9　显示放置的设备

3）双击电机，弹出"属性（全局）：常规设备"对话框，技术参数改为"3 kW"，如图 3-10 所示。

（2）插入电机保护开关

1）选择菜单栏中的"插入"→"设备"命令，弹出如图 3-11 所示的"部件选择"对话框，选择需要的部件-电机保护开关，单击"确定"按钮，关闭对话框。

图 3-10 "属性（全局）：常规设备"对话框

图 3-11 选择部件

2）这时光标变成十字形状并附加一个交叉记号，将光标移动到原理图电机元件的垂直上方位置，单击完成部件插入，在原理图中放置部件，如图 3-12 所示。

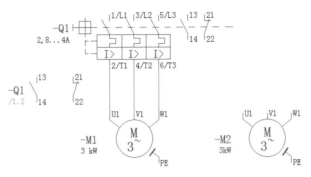

图 3-12　放置电机保护开关

3）双击电机保护开关 Q1，自动弹出"属性（元件）：常规设备"对话框，修改设备标识符 FR，单击"确定"按钮，关闭对话框，使用同样的方法修改电机保护开关的常闭触点，修改结果如图 3-13 所示。

（3）插入接触器

选择菜单栏中的"插入"→"设备"命令，弹出如图 3-7 所示的"部件选择"对话框，选择需要的"继电器，接触器/接触器/SIE"，设备编号为"SIE. 3RT2015-1BB41-1AA0"，单击"确定"按钮，单击鼠标左键放置，如图 3-14 所示。

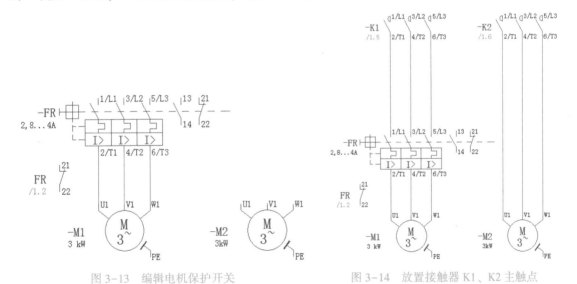

图 3-13　编辑电机保护开关　　　　　　　　图 3-14　放置接触器 K1、K2 主触点

（4）插入三级熔断器

选择菜单栏中的"插入"→"设备"命令，弹出"部件选择"对话框，选择需要的部件"安全设备/安全开关/SIE/ SIE. 3VA1032-2ED32-0AA0"，单击"确定"按钮，关闭对话框。

这时光标变成十字形状并附加一个交叉记号，单击完成部件插入，在原理图中放置部件Q1、Q2。

双击保护开关 Q1、Q2，修改设备标识符 FU1、FU2，单击"确定"按钮，关闭对话框，如图 3-15 所示。

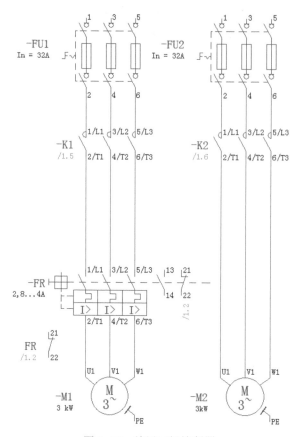

图 3-15 放置三级熔断器

至此，完成主电路绘制。

3. 绘制变压器

（1）创建符号库

1）打开符号库。选择菜单栏中的"工具"→"主数据"→"符号库"→
"打开"命令，打开"ELC_Library"符号库。

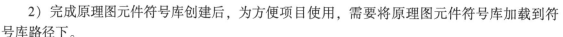
实例 19-3

2）完成原理图元件符号库创建后，为方便项目使用，需要将原理图元件符
号库加载到符号库路径下。

（2）创建符号变量 A

1）选择菜单栏中的"工具"→"主数据"→"符号"→"新建"命令，弹出"生成变
量"对话框，目标变量选择"变量 A"，单击"确定"按钮，关闭对话框，弹出"符号属性"
对话框。

2）在"符号编号"文本框中默认符号编号；在"符号名"文本框中命名符号名 TC；在
"功能定义"文本框中选择功能定义，单击"…"按钮，弹出"功能定义"对话框，可根据绘
制的符号类型，选择功能定义，如图 3-16 所示，功能定义选择"变压器，6 个连接点"，在
"连接点"文本框中定义连接点，连接点为"6"，设置结果如图 3-17 所示。

默认连接点逻辑信息，单击"确定"按钮，进入符号编辑环境，绘制符号外形。

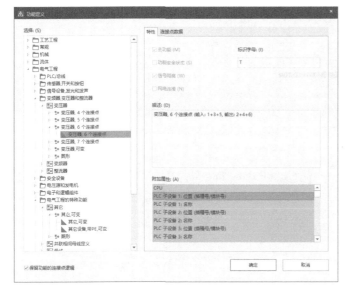

图 3-16　"功能定义"对话框

图 3-17　"符号属性"对话框

（3）绘制原理图符号

1）绘制变压器元件的弧形部分。

选择菜单栏中的"插入"→"图形"→"圆弧通过中心点"命令，在
图纸上绘制一个如图 3-18 所示的弧线，双击圆弧，系统将弹出相应的圆弧
属性编辑对话框"属性（弧/扇形/圆）"对话框，设置线宽为 0.25 mm。

图 3-18　绘制弧线

因为变压器的左右线圈由 16 个圆弧组成，所以还需要另外 15 个类似的弧线。可以用复
制、粘贴的方法放置其他的 15 个弧线，再将它们——排列好，如图 3-19 所示。

2）绘制线圈上的引出线。选择菜单栏中的"插入"→"图形"→"直线"命令，在线
圈上绘制出 2 条引出线，如图 3-20 所示。

图 3-19　放置其他的圆弧

图 3-20　绘制引出线

3）绘制线圈上的连接点。选择菜单栏中的"插入"→"连接点左"命令，这时光标变成
交叉形状并附带连接点符号，按住〈Tab〉键，旋转连接点方向，单击确定连接点位置，自
动弹出"连接点"属性对话框，在该对话框中，默认显示连接点号 1，如图 3-21 所示。绘制
7 个引脚，如图 3-22 所示。

变压器元件符号就创建完成了。选择菜单栏中的"工具"→"主数据"→"符号"→
"关闭"命令，退出符号编辑环境。

4. 绘制控制电路

控制电路中控制变压器 TC 二次侧输出 36 V 电压作为控制回路的电源，SB2 作
为主电动机 M1 的起动按钮，SB1 为主电动机 M1 的停止按钮，手动开关 SA1 为冷
却泵电动机 M2 的控制开关。

实例 19-4

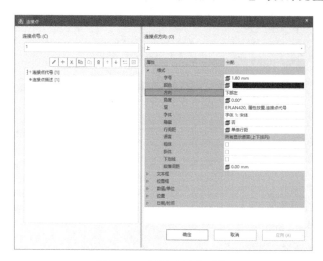

图 3-21 设置连接点属性

图 3-22 绘制连接点

（1）插入变压器

1）选择菜单栏中的"插入"→"符号"命令，弹出"符号选择"对话框，在空白处单击鼠标右键，选择"设置"命令，弹出"设置：符号库"对话框，单击"…"按钮，弹出"选择符号库"对话框，选择"ELC Library"，单击"打开"按钮，加载符号库 ELC Library，如图 3-23 所示。

2）单击"确定"按钮，关闭对话框，返回"符号选择"对话框，显示加载的符号库，如图 3-24 所示，选择需要的元件-变压器 TC。

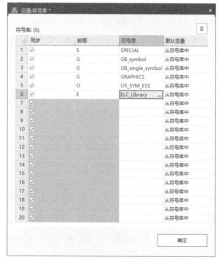

图 3-23 "设置：符号库"对话框

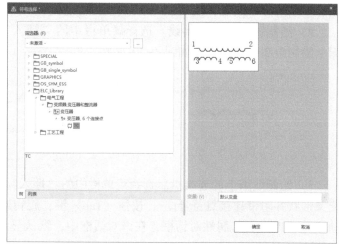

图 3-24 "符号选择"对话框

3）完成元件选择后，单击"确定"按钮，原理图中在光标上显示浮动的元件符号，选择需要放置的位置，单击鼠标左键，在原理图中放置元件，自动弹出"属性（元件）：常规设备"对话框，如图 3-25 所示，输入设备标识符 TC，单击"确定"按钮，完成设置。

4）打开"显示"选项卡，元件属性显示为空，单击"新建"按钮+，弹出"属性选择"对话框，选择"名称（可见）"，如图 3-26 所示，单击"确定"按钮，显示添加的属性，如

图 3-27 所示。

图 3-25　"属性（元件）：常规设备"对话框

图 3-26　"属性选择"对话框

图 3-27　"显示"选项卡

5）打开"部件"选项卡，单击"…"按钮，弹出"部件选择"对话框，如图3-92所示，在部件库中选择部件"安全设备/安全开关/SIE.3VA1032-2ED32-0AAO"，单击"确定"按钮，关闭对话框，弹出"冲突"对话框，单击"确定"按钮，关闭"冲突"对话框，完成变压器的选型，"部件"选项卡如图3-28所示。单击"确定"按钮，关闭"属性（元件）：常规设备"对话框，显示设置的变压器TC，如图3-29所示。

图3-28 部件选型 　　　　　　　　　　　　　　图3-29 放置变压器

（2）插入熔断器

1）选择菜单栏中的"插入"→"设备"命令，弹出"部件选择"对话框，选择需要的部件-熔断器"安全设备/常规/PXC/PXC.3048357"，完成部件选择后，单击"确定"按钮，原理图中在光标上显示浮动的部件符号，选择需要放置的位置，单击鼠标左键，在原理图中放置熔断器F1、F2、F3。

2）双击熔断器，自动弹出"属性（元件）：常规设备"对话框，输入设备标识符FU3、FU4、FU5，结果如图3-30所示。

（3）插入常开触点

1）选择菜单栏中的"插入"→"设备"命令，弹出"部件选择"对话框，选择需要的部件"传感器，开关和按钮/SIE"下的SIE.3SB3400-00、SIE.3SB3400-0B/1、SIE.3SB3400-0B/2。

2）完成部件选择后，单击"确定"按钮，原理图中

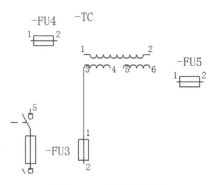

图3-30 放置熔断器

在光标上显示浮动的部件符号，选择需要放置的位置，单击鼠标左键，依次在原理图中放置，如图 3-31 所示。

　　修改设备标识符 SB1、SB2、SA1，结果如图 3-32 所示。

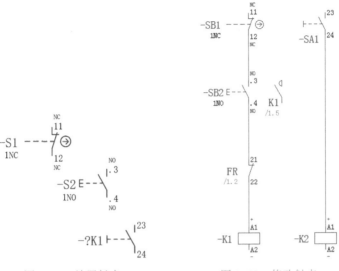

　　图 3-31　放置触点　　　　　　　图 3-32　修改触点

（4）连接原理图

　　选择菜单栏中的"插入"→"连接符号"→"角（右下）"命令，选择菜单栏中的"插入"→"连接符号"→"T 节点（向右）"命令，连接原理图，如图 3-33 所示。

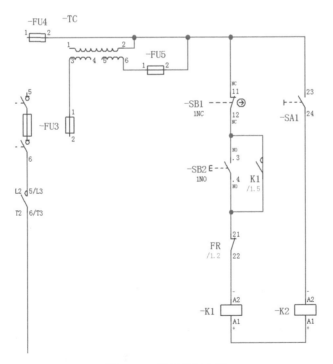

图 3-33　绘制控制电路

至此，完成控制电路绘制。

5. 绘制照明电路

实例 19-5

机床照明电路由控制变压器 TC 供给交流 36 V 安全电压，并由手控开关 SA2 直接控制照明灯 EL，当机床引入电源后点亮，提醒操作员机床已带电，要注意安全。

1) 插入信号灯。选择菜单栏中的"插入"→"设备"命令，弹出"部件选择"对话框，选择需要的设备-信号灯，设备编号为"信号设备/信号灯/SIE/SIE.3SU1001-6AA50-0AA0"，单击"确定"按钮，单击鼠标左键放置 EL。

2) 复制开关。选择手控开关 SA1，选择菜单栏中的"编辑"→"复制"命令，选择菜单栏中的"编辑"→"粘贴"命令，粘贴手控开关，修改设备标识符为 SA2。

3) 插入电位。选择菜单栏中的"插入"→"电位连接点"命令，单击鼠标左键，在原理图中放置电位，如图 3-34 所示。

至此，完成照明电路绘制。

6. 绘制辅助电路

（1）插入三级熔断器

图 3-34 放置电位连接点

实例 19-6

选择菜单栏中的"插入"→"设备"命令，弹出如图 3-7 所示的"部件选择"对话框，选择需要的部件"安全设备/安全开关/SIE/SIE.3VA1032-2ED32-0AAO"，在原理图中放置部件 Q1，如图 3-35 所示。

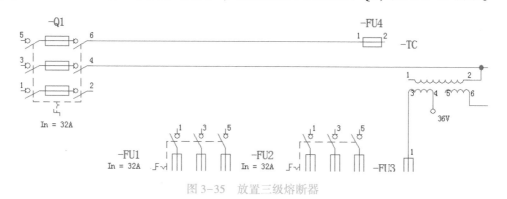

图 3-35 放置三级熔断器

（2）插入电位连接点

选择菜单栏中的"插入"→"电位连接点"命令，单击鼠标左键，在原理图中放置电位连接点 L1、L2、L3，如图 3-36 所示。

选择菜单栏中的"插入"→"符号"命令，弹出"符号选择"对话框，选择需要的接地符号，单击"确定"按钮，关闭对话框，放置结果如图 3-37 所示。

（3）插入电缆

选择菜单栏中的"插入"→"电缆定义"命令，此时光标变成交叉形状并附加一个电缆符号▦，在原理图中单击鼠标左键确定插入电缆，选择单位为 mm²，电缆插入完毕，按右键"取消操作"命令或按〈Esc〉键即可退出该操作，如图 3-38 所示。

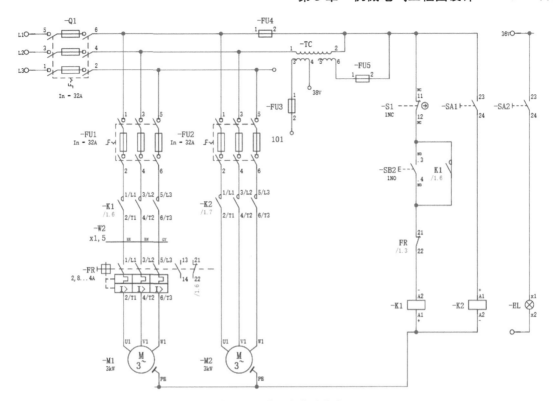

图 3-36　放置电位连接点

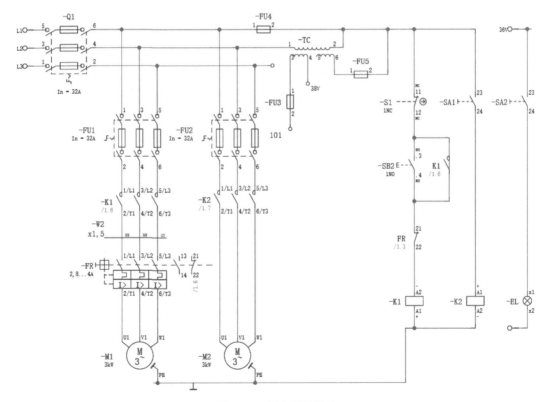

图 3-37　插入接地元件

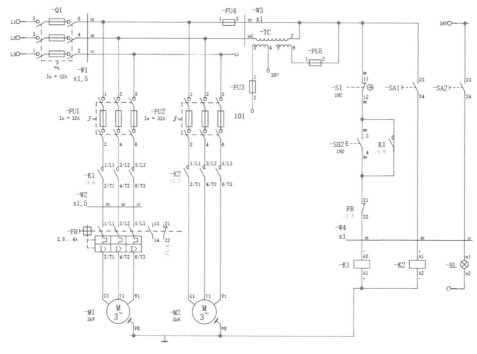

图 3-38　插入电缆

7. 生成报表文件

（1）生成标题页

1）选择菜单栏中的"工具"→"报表"→"生成"命令，弹出"报表"对话框，如图 3-39 所示，在该对话框中打开"报表"选项卡，选择"页"选项，展开"页"选项，显示该项目下的图纸页为空。

实例 19-7

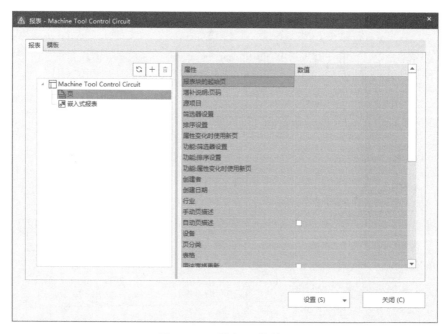

图 3-39　"报表"对话框

2）单击"新建"按钮⊞，打开"确定报表"对话框，选择"标题页/封页"选项，如图 3-40 所示。单击"确定"按钮，完成图纸页选择。

图 3-40　"确定报表"对话框

3）弹出"设置：标题页/封页"对话框，选择筛选器，单击"确定"按钮，完成图纸页设置。弹出"标题页/封页（总计)"对话框，显示标题页的结构设计，选择当前高层代号与位置代号。

4）单击"确定"按钮，完成图纸页设置，返回"报表"对话框，在"页"选项下添加标题页，如图 3-41 所示。单击"确定"按钮，关闭对话框，完成标题页的添加，在"页"导航器下显示添加的标题页，如图 3-42 所示。

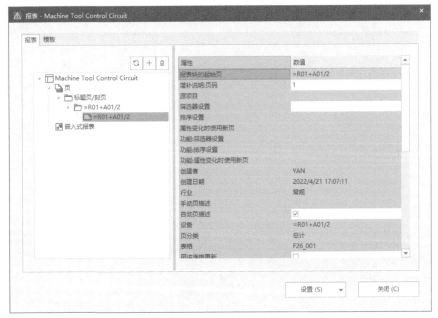

图 3-41　"报表"对话框

图 3-42　标题页

（2）导出 PDF 文件

1）在"页"导航器中选择需要导出的图纸页"=R01+A01/1"，选择菜单栏中的"页"－"导出"－"PDF.."命令，弹出"PDF 导出"对话框，如图 3-43 所示。

图 3-43　"PDF 导出"对话框

2) 单击"确定"按钮, 在"\Machine Tool Control Circuit. edb\DOC"目录下生成 PDF 文件, 如图 3-44 所示。

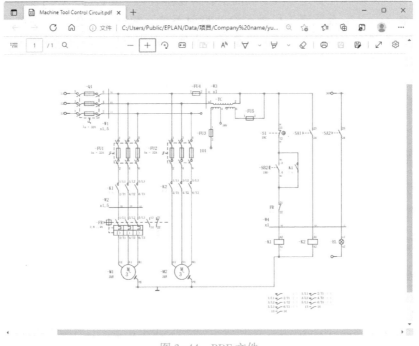

图 3-44　PDF 文件

实例 20　KE-Jetronic 汽油喷射装置电路图

本例绘制的 KE-Jetronic 汽油喷射装置的电路图如图 3-45 所示。

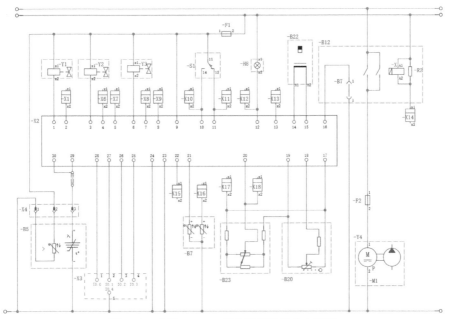

图 3-45　KE-Jetronic 汽油喷射装置的电路图

思路分析

汽油喷射系统的基本任务是以减少汽油机有害物排放为主要目标，尽可能兼顾发动机的其他性能要求。K-Jectronic 系统属于机械式汽油喷射系统，简称 K 系统。该系统采用连续喷射方式，可分为单点或多点喷射，其喷油量是通过空气计量板直接控制汽油流量调节柱塞来控制的，采用的是机械式计量方式。该系统中设有冷起动喷油器、暖车调节器、空气阀及全负荷加浓器等装置，以便根据不同工况对基本喷油量进行调整。

使用面对图形的设计方法，首先在原理图中插入符号，再利用连接符号连接原理图，最后根据需要插入位置盒，增加图纸的可读性。

 知识要点

 "符号"命令

"位置盒"命令

 绘制步骤

1. 设置绘图环境

（1）创建项目

实例 20-1

选择菜单栏中的"项目"→"新建"命令，弹出"创建项目"对话框，在"项目名称"文本框下输入创建新的项目名称"KE-Jetronic"，在"默认位置"文本框下选择项目文件的路径，在"基本项目"下拉列表中选择带 IEC 标准标识结构的基本项目"IEC_bas001.zw9"。

单击"确定"按钮，在"页"导航器中显示创建的新项目"KE-Jetronic.elk"。

（2）图页的创建

1）在"页"导航器中选中项目名称，选择菜单栏中的"页"→"新建"命令，弹出"新建页"对话框。

2）在该对话框中"完整页名"文本框内默认电路图页名称，在"页类型"下拉列表中选择"多线原理图"（交互式），"页描述"文本框输入图纸描述"电气原理图"，如图 3-46所示。

3）单击"确定"按钮，在"页"导航器中创建原理图页 2，如图 3-47 所示。

图 3-46 "新建页"对话框

图 3-47 新建图页文件

2. 绘制各主要电气元件

电路图中实际发挥作用的是电气元件，不同的电气元件实现不同的功能，将这些电气元件通过电信号组合起来就能达到所需作用。

实例 20-2

（1）绘制发电机

1）插入黑盒。选择菜单栏中的"插入"→"盒子连接点/连接板/安装板"→"黑盒"命令，插入黑盒 X2，结果如图 3-48 所示。

图 3-48　插入黑盒

2）插入设备连接点

选择菜单栏中的"插入"→"盒子连接点/连接板/安装板"→"设备连接点"命令，在黑盒内单击插入设备连接点，如图 3-49 所示。

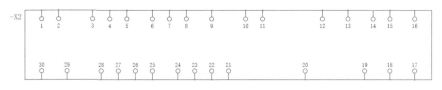

图 3-49　插入设备连接点

单击功能区"编辑"选项卡下"组合"面板中的"组合"按钮 ▦，将黑盒与设备连接点或端子等对象组合成一个整体。

（2）绘制中央处理器

1）绘制 PLC 盒子。单击"插入"选项卡的"设备"面板中的"PLC 盒子"按钮 ▦，绘制 PLC 盒子，如图 3-50 所示。

2）插入 PLC 数字输入连接点。单击"插入"选项卡的"设备"面板中的"PLC 连接点"按钮 ₰ 下拉菜单的"PLC 连接点（数字输入）"按钮 ₰，将光标移动到 PLC 盒子边框上，单击鼠标左键插入输入连接点 1、2、3、4、5，如图 3-51 所示。

图 3-50　插入 PLC 盒子　　　　　图 3-51　插入 PLC 数字输入连接点

单击功能区"编辑"选项卡下"组合"面板中的"组合"按钮 ▦，将 PLC 盒子与连接点组合成一个整体，方便 PLC 的移动与布局。

（3）绘制 λ 探测器

1）打开符号库。选择菜单栏中的"工具"→"主数据"→"符号库"→"打开"命令，打开"ELC_Library"符号库。

2）创建符号变量。选择菜单栏中的"工具"→"主数据"→"符号"→"新建"命令，弹出"生成变量"对话框，目标变量选择"变量 A"，单击"确定"按钮，关闭对话框，弹出"符号属性"对话框。在"符号编号"文本框中选择符号编号为 3；在"符号名"文本框中命名符号名为 TCQ；在"功能定义"文本框中选择功能定义，单击"…"按钮，弹出"功能定义"对话框，可根据绘制的符号类型，选择功能定义，功能定义选择"模拟传感器，2 个连接点"，在"连接点"文本框中定义连接点，连接点为"2"，如图 3-52 所示。单击"确定"按钮，进入符号编辑环境，绘制符号外形。

图 3-52 "符号属性"对话框

选择菜单栏中的"插入"→"图形"→"DXF/DWG 文件"命令，弹出"DXF/DWG 文件选择"对话框，选择"TCQ.dwg"，如图 3-53 所示。

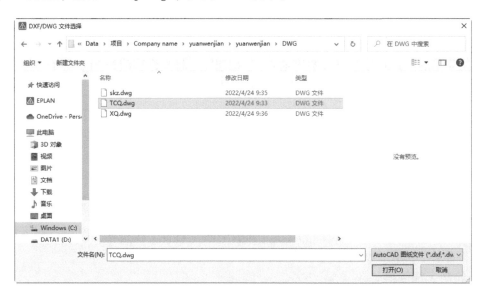

图 3-53 "DXF/DWG 文件选择"对话框

单击"打开"按钮，弹出"导入格式化"对话框，在"宽度"选项下输入"10"，如图 3-54 所示。单击"确定"按钮，捕捉原点，在原理图中插入 DWG 符号，结果如图 3-54 所示。

3）绘制连接点。选择菜单栏中的"插入"→"连接点上"命令，按住〈Tab〉键，旋转连接点方向，单击确定连接点位置，绘制 2 个连接点，如图 3-55 所示。

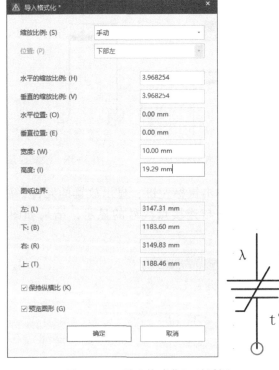

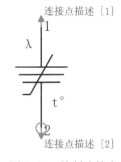

图 3-54　"导入格式化"对话框　　　　　图 3-55　绘制连接点

（4）绘制线圈

1）选择菜单栏中的"工具"→"主数据"→"符号"→"新建"命令，弹出"符号属性"对话框。在"符号名"文本框中命名符号名 XQ；在"功能定义"文本框中选择"电气工程→线圈，触点和保护电路→线圈→线圈，2 个连接点→线圈，主回路分断"，如图 3-56 所示。单击"确定"按钮，进入符号编辑环境，绘制符号外形。

2）选择菜单栏中的"插入"→"图形"→"DXF/DWG 文件"命令，弹出"DXF/DWG 文件选择"对话框，选择"XQ.dwg"。

3）单击"打开"按钮，弹出"导入格式化"对话框，默认插入参数，单击"确定"按钮，捕捉原点，在原理图中插入 DWG 符号，结果如图 3-57 所示。

4）绘制连接点。选择菜单栏中的"插入"→"连接点上"命令，按住〈Tab〉键，旋转连接点方向，单击确定连接点位置，绘制 2 个连接点，如图 3-58 所示。

5）选择菜单栏中的"工具"→"主数据"→"符号"→"关闭"命令，退出符号编辑环境。

（5）绘制双极开关

1）选择菜单栏中的"插入"→"符号"命令，弹出"符号选择"对话框，

实例 20-3

选择需要的元件-开关，完成元件选择后，单击"确定"按钮，如图 3-59 所示。

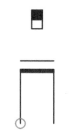

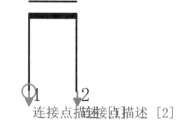

连接点描述[1]连接点描述[2]

图 3-56　"符号属性"对话框　　　图 3-57　导入 DXF/DWG　　　图 3-58　绘制连接点

2）原理图中在光标上显示浮动的元件符号，单击鼠标左键，显示放置的元件，放置过程中在弹出的属性设置对话框中，删除设备标识符与连接点代号的显示，结果如图 3-60 所示。

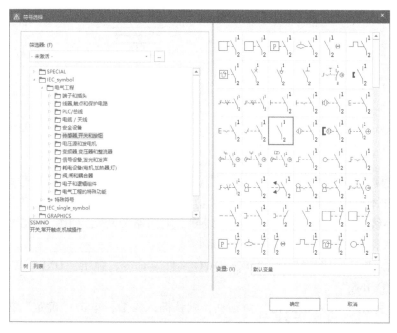

图 3-59　"符号选择"对话框　　　　　　　　　图 3-60　显示放置的元件

3）选择菜单栏中的"插入"→"连接符号"→"角"命令、"T 节点"命令，完成电气连接，如图 3-61 所示。

4）创建宏。单击功能区"主数据"选项卡"宏"面板"创建"按钮，框选所有对象，如图 3-62 所示，系统将弹出如图 3-63 所示的宏"另存为"对话框，在"文件名"文本框中输入宏名称"shuangjikaiguan.ema"，在"描述"列表中输入"双极开关符号"，在"附加"

下选择"定义基准点"命令，选择宏边框左下角点，单击"确定"按钮，关闭对话框，完成宏的创建。

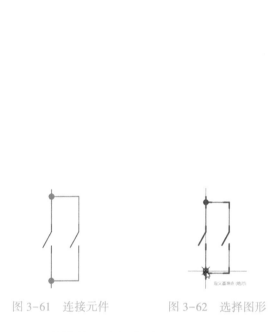

图 3-61　连接元件　　　　图 3-62　选择图形　　　　　图 3-63　"另存为"对话框

5）绘制搭铁。选择菜单栏中的"插入"→"符号"命令，弹出"符号选择"对话框，选择需要的端子符号，如图 3-64 所示，单击鼠标左键，显示放置的元件，结果如图 3-65所示。

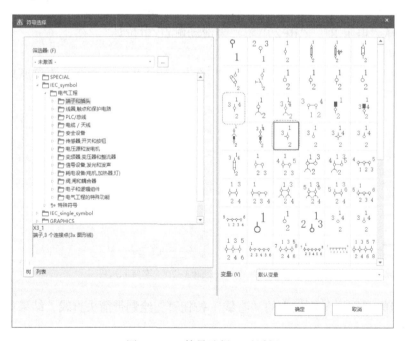

图 3-64　"符号选择"对话框　　　　　　　　图 3-65　显示放置的元件

单击"插入"选项卡的"图形"面板中的"直线"按钮╱，捕捉端子切点，绘制直线，如图 3-66 所示。

　　双击直线，弹出属性设置对话框，在"线宽"下拉列表中选择 0.13 mm，在"颜色"下拉列表中选择蓝色，在"线型"下拉列表中选择点画线，如图 3-67 所示，单击"确定"按钮，关闭对话框，完成设置，结果如图 3-68 所示。

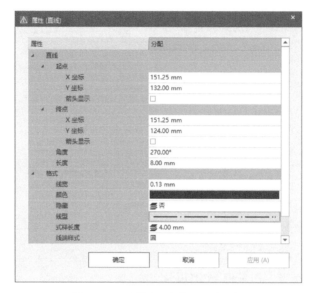

图 3-66　绘制直线　　　　　图 3-67　"属性（直线）"对话框　　　　　图 3-68　直线设置结果

3. 绘制电路模块

实例 20-4

（1）绘制发动机控制继电器 1

　　1）选择菜单栏中的"插入"→"符号"命令，弹出"符号选择"对话框，在"电子和逻辑组件"中选择"电阻 R"、"RP2 电阻，带滑动触点/电位计"，在原理图中放置电阻元件，结果如图 3-69 所示。

　　2）选择菜单栏中的"插入"→"连接符号"→"角"命令、"T 节点"命令，连接原理图，如图 3-70 所示。

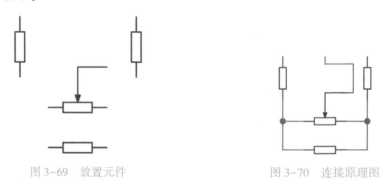

图 3-69　放置元件　　　　　　　　图 3-70　连接原理图

　　3）单击"插入"选项卡的"图形"面板中的"直线"按钮，绘制带箭头直线，结果如图 3-71 所示。

　　4）组合图形。选择整个图形，单击"编辑"选项卡"组合"面板中的"组合"按钮，将电路模块变为一个整体图符。

5）绘制结构盒。单击"插入"选项卡"设备"面板中的"结构盒"按钮🔲，在绘制适当大小结构盒 B23，结果如图 3-72 所示。

（2）绘制发动机控制继电器 2

1）选择菜单栏中的"插入"→"符号"命令，弹出"符号选择"对话框，在"电子和逻辑组件"中选择"R"、"RP4"，在原理图中放置电阻元件，结果如图 3-73 所示。

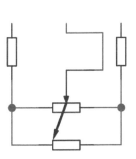

图 3-71　绘制直线

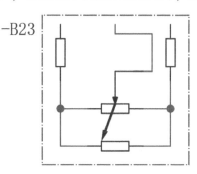

图 3-72　插入结构盒

图 3-73　放置元件

2）选择菜单栏中的"插入"→"连接符号"→"角"命令、"T 节点"命令，连接原理图，如图 3-74 所示。

3）单击"插入"选项卡的"图形"面板中的"直线"按钮🖊、"圆"按钮⊙，绘制虚线与圆，结果如图 3-75 所示。

4）组合图形。选择整个图形，单击"编辑"选项卡"组合"面板中的"组合"按钮🔳，将电路模块变为一个整体图符。

5）绘制结构盒。单击"插入"选项卡"设备"面板中的"结构盒"按钮🔲，再绘制适当大小结构盒 B20，结果如图 3-76 所示。

（3）绘制传感器模块

1）插入热敏电阻。选择菜单栏中的"插入"→"符号"命令，弹出"符号选择"对话框，在"传感器，开关和按钮"中选择热敏电阻 RNTC，单击鼠标左键，在原理图中放置元件 R1，如图 3-77 所示。

实例 20-5

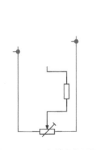

图 3-74　连接原理图

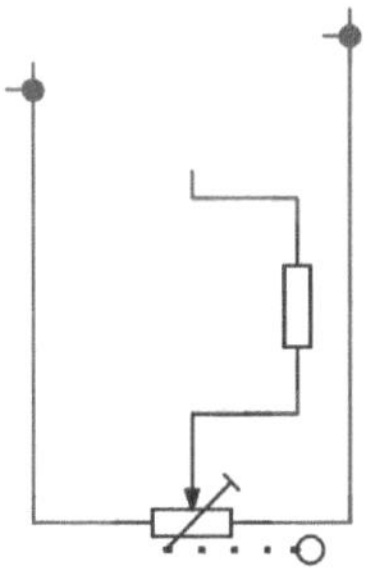

图 3-75　绘制图形

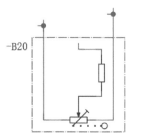

图 3-76　插入结构盒

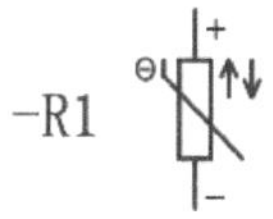

图 3-77　放置热敏电阻元件

2）插入 λ 探测器与线圈。选择菜单栏中的"插入"→"符号"命令，弹出"符号选择"对话框，加载符号库 ELC Library。选择传感器，如图 3-78 所示。单击"确定"按钮，单击鼠标左键，在原理图中放置元件，结果如图 3-79 所示。

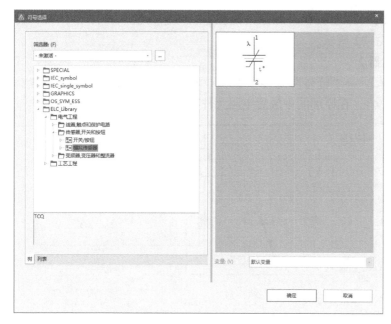

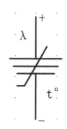

图 3-78 "符号选择"对话框   图 3-79 显示放置的元件

选择菜单栏中的"插入"→"连接符号"→"角"命令，连接原理图，如图 3-80 所示。

3）组合图形。选择整个图形，单击"编辑"选项卡"组合"面板中的"组合"按钮◪，将电路模块变为一个整体图符。

4）绘制结构盒。单击"插入"选项卡"设备"面板中的"结构盒"按钮◪，绘制适当大小结构盒 B5，结果如图 3-81 所示。

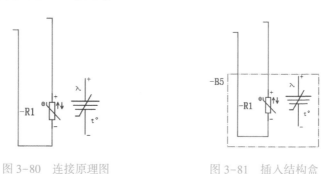

图 3-80 连接原理图   图 3-81 插入结构盒

（4）绘制传感器模块 2

1）插入热敏电阻。选择菜单栏中的"插入"→"符号"命令，弹出"符号选择"对话框，在"传感器，开关和按钮"中选择热敏电阻 RNTC，单击鼠标左键，在原理图中放置元件 R3、R4，如图 3-82 所示。

选择菜单栏中的"插入"→"连接符号"→"角"命令、"T 节点"，连接原理图，如图 3-83 所示。

2）绘制结构盒。单击"插入"选项卡"设备"面板中的"结构盒"按钮◪，绘制适当大小结构盒 B7，结果如图 3-84 所示。

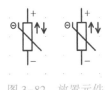
图 3-82　放置元件

图 3-83　连接原理图

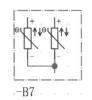
图 3-84　插入结构盒

4. 插入电气元件

本图涉及的电气元件比较多，种类各不相同。各主要电气元件的绘制方法前面已经介绍过，本节将介绍如何将如此繁多的电气元件插入到已经绘制完成的线路连接图中。

实例 20-6

实际上将各电气元件插入到线路图中的方法大同小异，下面以电动机为例介绍插入元件的方法。

（1）插入电动机（带燃油泵）

选择菜单栏中的"插入"→"窗口宏/符号宏"命令，系统将弹出如图 3-85 所示的"选择宏"对话框，在之前的保存目录下选择创建的"NEW_daibengdianji.ema"宏文件。

图 3-85　"选择宏"对话框

单击"打开"命令，此时光标变成十字形状并附加选择的宏符号，在原理图中单击鼠标左键确定插入宏。

此时系统自动弹出"插入模式"对话框，选择插入宏的标示符编号格式与编号方式，如图 3-86 所示。单击"确定"按钮，关闭对话框，插入结果如图 3-87 所示。

图 3-86　"插入模式"对话框

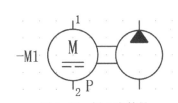
图 3-87　插入宏符号

（2）插入线圈

选择菜单栏中的"插入"→"符号"命令，弹出"符号选择"对话框，加载符号库 ELC Library。选择线圈，如图 3-88 所示。单击"确定"按钮，单击鼠标左键，在原理图中放置元件 B22，结果如图 3-89 所示。

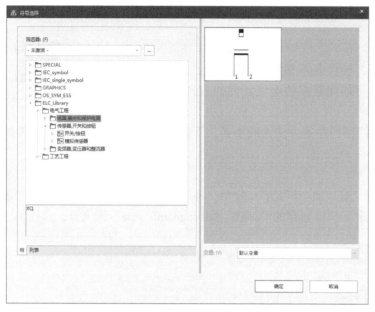

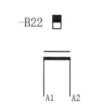

图 3-88　选择线圈　　　　　　　　　　　　　　　　图 3-89　显示放置的线圈

（3）插入电磁阀

选择菜单栏中的"插入"→"符号"命令，弹出"符号选择"对话框，选择"阀，闸和耦合器→阀→阀，单向"电磁阀 Y1，单击鼠标左键，在原理图中放置元件 Y1，如图 3-90 所示。

（4）插入计数器

选择菜单栏中的"插入"→"符号"命令，弹出"符号选择"对话框，选择"信号设备，发光和发声→指示仪表→指示仪表，2 个连接点"中的计数器 PZVAR75，单击鼠标左键，在原理图中放置元件 X1，如图 3-91 所示。

图 3-90　放置电磁阀元件　　　　　　　　　　　　　图 3-91　放置计数器元件

（5）放置其余元件

选择菜单栏中的"插入"→"符号"命令，弹出"符号选择"对话框，在下面的路径下选择元件符号，如图 3-92 所示。

- 在"传感器，开关和按钮"中选择 SW3M 开关 S1；
- 在"信号设备，发光和发声"中选择 H 指示灯 H1；
- 在"安全设备"中选择 F1 熔断器；

- 在"电子和逻辑组件"中选择 R 电阻；
- 在"端子和插头"中选择 XBS –SK 带插头的插针（缩放结构）；
- 在"端子和插头"中选择 XBD2 母插针；
- 在"线圈，触点和保护电路"中选择"KRM2 机电驱动装置，自抑制继电器线圈"。

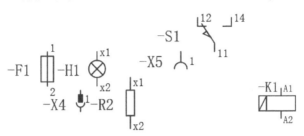

图 3-92　放置外部元件

5. 电气元件布局

电气元件的数量是根据材料清单来定的，而电气元件的布局位置则要充分参考电气原理图的接线关系。良好的布局应遵循就近原则，能够减少导线连接的数量与长度，减少发生故障的概率。

实例 20-7

电气原理图中电气元件的布局，应根据便于阅读原则来安排。主电路安排在图面左侧或上方，辅助电路安排在图面右侧或下方。无论主电路还是辅助电路，均按功能布置，尽可能按动作顺序从上到下，从左到右排列。

将发电机元件 X1 放置到原理图中间，在该元件下方放置 CPU 中央处理器 X3，两元件接线端自动连接，如图 3-93 所示。

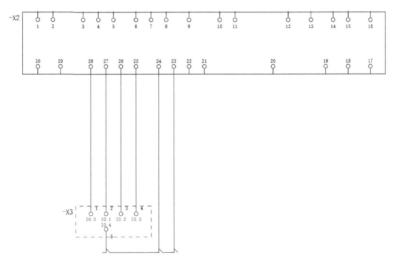

图 3-93　插入中央处理器 CPU

在发电机元件 X1 连接点 1、2 处连接喷油嘴的电磁阀与测量喷油量的计量器，结果如图 3-94 所示。

绘制结构盒。单击"插入"选项卡"设备"面板中的"结构盒"按钮 ▦，在电磁阀 Y1 外侧绘制适当大小结构盒，表示 1#喷油嘴，结果如图 3-95 所示。

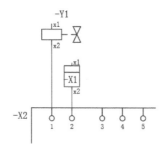

图 3-94 插入喷油嘴电磁阀

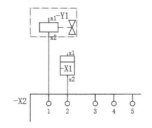

图 3-95 插入结构盒

选择图 3-96 所示的元件，单击"编辑"选项卡"图形"面板中的"多重复制"按钮 ，在连接点 3、4 上插入元件，弹出如图 3-97 所示的"多重复制"对话框，输入数量 2，单击"确定"按钮，弹出"插入模式"对话框，选择"编号"选项，结果如图 3-98 所示。

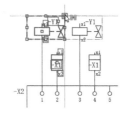

图 3-96 选择复制元件

图 3-97 "多重复制"对话框

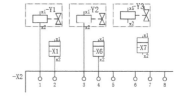

图 3-98 复制结果

同样的方法，围绕发电机元件 X2，放置上面绘制的元件与电路模块。选择菜单栏中的"插入"→"连接符号"→"角"、"T 节点"命令，连接原理图，结果如图 3-99 所示。

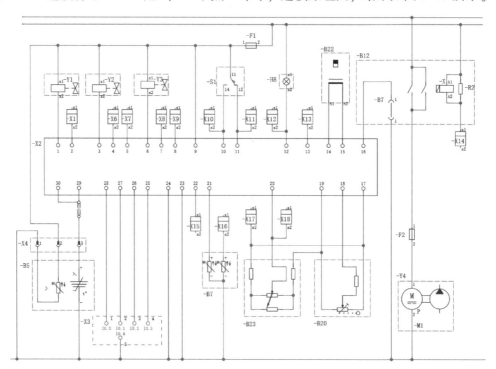

图 3-99 布局结果

🔔 注意

在电气原理图中，当同一电器元件的不同部件（如线圈、触点）分散在不同位置时，为了表示是同一元件，要在电器元件的不同部件处标注统一的文字符号。对于同类器件，要在其文字符号后加数字序号来区别。如两个熔断器，可用 F1、F2 文字符号来区别。

选择菜单栏中的"插入"→"电位连接点"命令，此时光标变成交叉形状并附加一个电位连接点符号 ⚓，在光标处于放置电位连接点的状态时按〈Tab〉键，旋转电位连接点连接符号，变换电位连接点连接模式，单击鼠标左键放置电位连接点，结果如图 3-45 所示。

实例 21　铣床电气设计

X62W 型万能铣床在钻床中具有代表型，下面以 X62W 型万能铣床为例讨论铣床电气设计过程，其电气原理图如图 3-100 所示。

😊 思路分析

铣床可以加工平面、斜面、沟槽等。安装上分度头，还可以加工直齿轮和螺旋面。铣床的运动方式可分为主运动、进给运动和辅助运动。由于铣床的工艺范围广，运动形式也很多，因此其控制系统比较复杂。

😮 知识要点

🐌 项目的创建

🐌 导入 DWG 文件

1. 创建项目

实例 21-1

1）选择菜单栏中的"项目"→"新建"命令，弹出"创建项目"对话框，在"项目名称"文本框下输入创建新的项目名称"X62W_Milling"，在"默认位置"文本框下选择项目文件的路径，在"基本项目"下拉列表中选择带 GB 标准标识结构的基本项目：带 GB 标准标识结构的基本项目"GB_bas001. zw9"。

2）单击"确定"按钮，在"页"导航器中显示新项目"X62W_Milling. elk"，根据模板默认创建"=CA1+EAA/1"，如图 3-5 所示。选中该图页，单击鼠标右键，选择"删除"命令，弹出"删除页"对话框，如图 3-101 所示，选择"是"命令，删除标题页"1 首页"，结果如图 3-102 所示。

2. 创建结构标识符

实例 21-2

1）选择菜单栏中的"项目数据"→"结构标识符管理"命令，弹出如图 3-103 所示的"结构标识符管理"对话框。选择"高层代号"，打开"树"选项卡，选中"空标识符"，单击"新建"按钮 ⊞，弹出"新标识符"对话框，在"名称"文本框中输入"A01"，在"结构描述"行输入"电动机"，如图 3-104 所示。

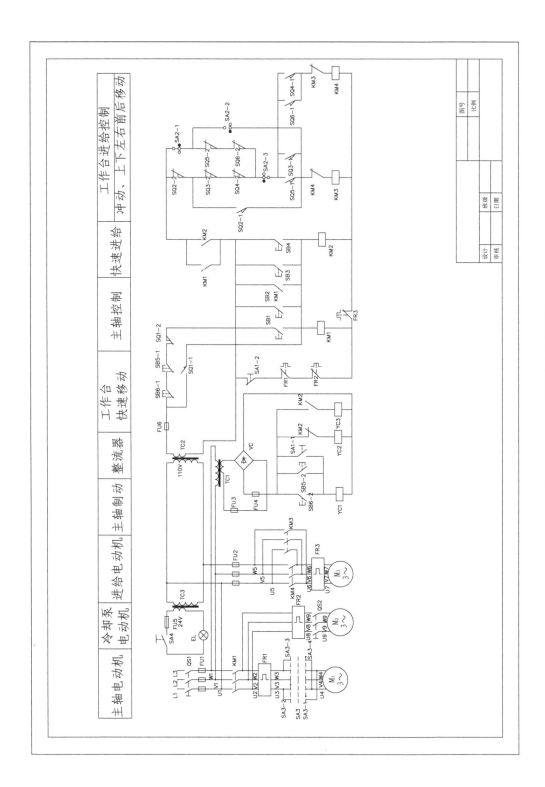

图3-100 X62W 型铣床电气原理图

图 3-101　"删除页"对话框　　　　　　图 3-102　删除标题页

图 3-103　"结构标识符管理"对话框

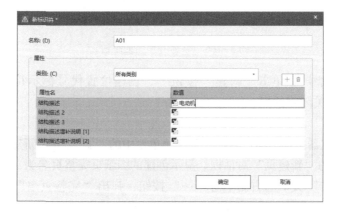

图 3-104　"新标识符"对话框

2）单击"确定"按钮，在"高层代号"中添加"A01（电动机）"，如图 3-105 所示。同样的方法，在"高层代号"中添加"B01（工作站）"，如图 3-106 所示。

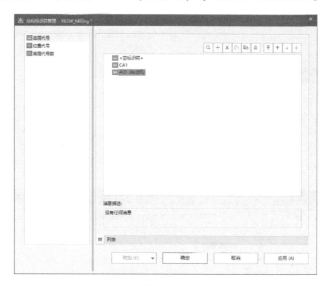

图 3-105　添加 A01（电动机）

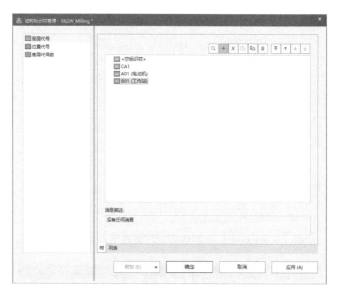

图 3-106　添加 B01（工作站）

3）选择"位置代号"，单击"新建"按钮□+，创建位置代号标示符，如图 3-107 所示。单击"确定"按钮，关闭对话框。

3. 创建图纸页

1）在"页"导航器中选中项目名称，选择菜单栏中的"页"→"新建"命令，弹出如图 3-108 所示的"新建页"对话框。显示创建的图纸页完整页名为"/1"。

实例 21-3

2）在"完整页名"文本框右侧单击"…"按钮，弹出"完整页名"对话框，如图 3-109 所示。在"高层代号"右侧单击"…"按钮，弹出"高层代号"对话框，选择定义的高层代号的结构标示符"A01（电动机）"，如图 3-110 所示。

图 3-107　"位置代号"选项卡

图 3-108　"新建页"对话框

3）单击"确定"按钮，关闭对话框。返回"完整页名"对话框。在"位置代号"右侧单击"…"按钮，弹出"位置代号"对话框，选择定义的位置代号的结构标示符"SW1（主轴）"，如图 3-111 所示。

4）单击"确定"按钮，关闭对话框。返回"完整页名"对话框。在"页名"行输入 1，结果如图 3-112 所示。

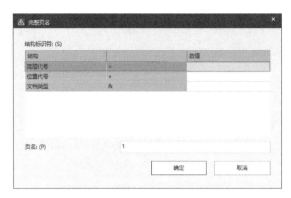

图 3-109 "完整页名"对话框

图 3-110 "高层代号"对话框

图 3-111 修改高层代号标示符

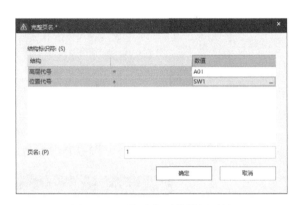

图 3-112 修改位置代号标示符

单击"确定"按钮，关闭"完整页名"对话框，返回"新建页"对话框，默认"页类型"为"多线原理图（自动式)"，"页描述"输入"电气原理图"，如图 3-113 所示。

单击"应用"按钮，在"页"导航器中创建图纸页"=A01+SW1/1 电气原理图"。此时，下一张图纸页"完整页名"为"=A01+SW1/2"。

使用同样的方法，选择高层代号与位置代号，创建不同的图纸页，结果如图 3-114 所示。

图 3-113 创建图页 1

图 3-114 新建图页文件

双击"＝A01+SW1/1 电气原理图",进入原理图编辑环境,绘制车床电气原理图。

4. 导入 DWG 文件

选择菜单栏中的"页"→"导入"→"DWF/DWG 文件"命令,弹出
"DWF/DWG 文件选择"对话框,导入 DWF/DWG 文件"Z35 电气设计 .dwg",如
图 3-115 所示。

实例 21-4

图 3-115　"DWF/DWG 文件选择"对话框

单击"打开"按钮,弹出"DWF-/DWG 导入"对话框,在"源"下拉列表中显示要导入的图纸,默认配置信息,如图 3-116 所示,单击"确定"按钮,关闭该对话框。

弹出"指定页面"对话框,如图 3-117 所示,确认导入的 DWF/DWG 文件复制的图纸页名称,进行如下的设置。

图 3-116　"DWX-/DWF 导入"对话框

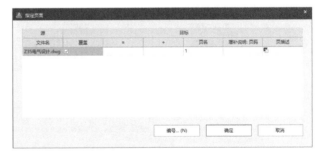

图 3-117　"指定页面"对话框 1

- 在"＝"列下单击"…"按钮,弹出"高层代号"对话框,选择"A01";
- 在"＋"列下单击"…"按钮,弹出"位置代号"对话框,选择"EAA";
- 在"页描述"栏输入"总原理图";

完成设置后的页面如图 3-118 所示,单击"确定"按钮,完成 DWF/DWG 文件的导入,结果如图 3-119 所示。

使用同样的方法,导入 DWG 文件"C630 车床电气设计 .dwg"、"X62W 铣床电气设计 .dwg",结果如图 3-120 所示。

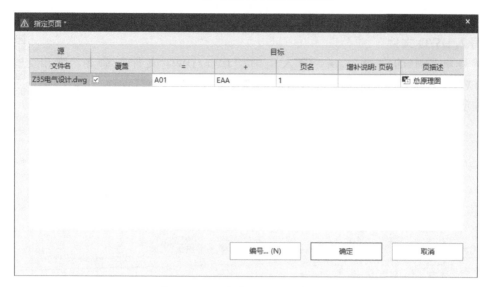

图 3-118 "指定页面"对话框 2

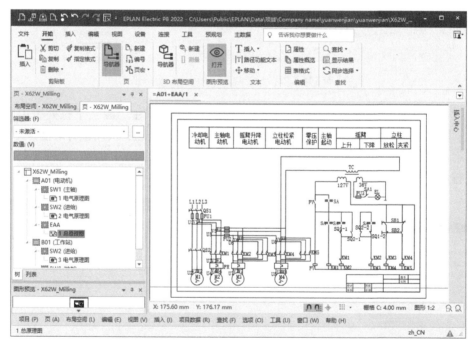

图 3-119 导入 DWF/DWG 文件

5. 图页属性设置

1）在"页"导航器中选中新导入的 dwg 图页文件，选择菜单栏中的"页"→"属性"命令，或在"页"导航器中选中名称上单击右键，选择"属性"命令，弹出"页属性"对话框，如图 3-121 所示。

2）在"页类型"下拉列表中选择"多线原理图（交互式)"，单击"确定"按钮，结果如图 3-122 所示。

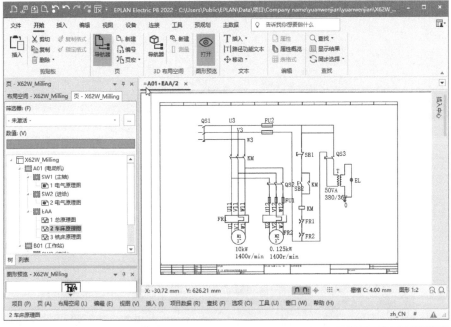

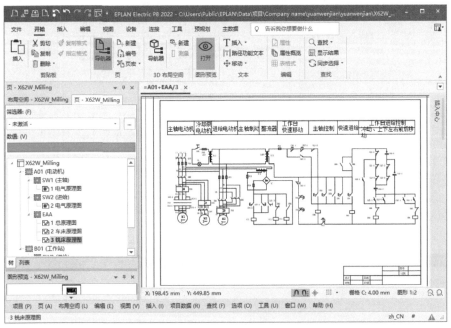

图 3-120 导入 DWF/DWG 文件

6. 创建页宏

在"页"导航器中选中图页 1,选择菜单栏中的"页"→"页宏"→"创建"命令,系统将弹出如图 3-123 所示的宏"另存为"对话框,在"目录"文本框中输入宏目录,在"文件名"文本框中输入宏名称"Z35. ema",单击"保存"按钮,关闭对话框,创建宏文件 Z35. ema。

使用同样的方法,将图页 2、图页 3 创建为"C630. ema"(车床电气设计)、"X62W. ema"(铣床电气设计),如图 3-124、图 3-125 所示。

图 3-121　"页属性"对话框

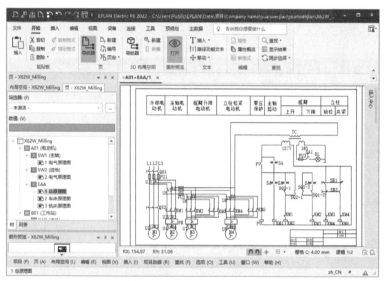

图 3-122　图页属性设置

图 3-123　"另存为"对话框 1

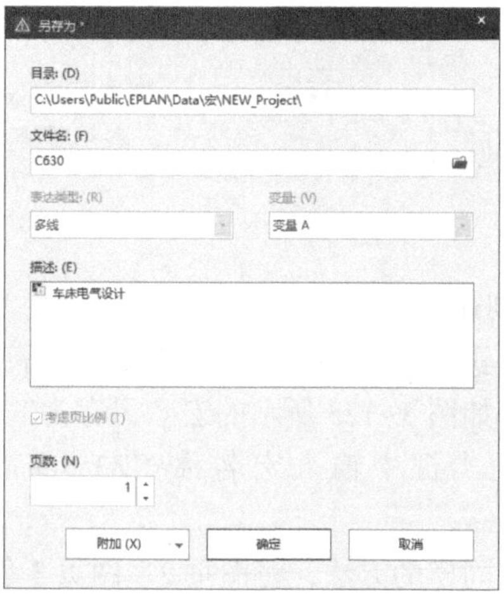

图 3-124　"另存为"对话框 2

图 3-125　"另存为"对话框 3

7. 插入页宏

在"页"导航器中选中该图页,选择菜单栏中的"页"→"页宏"→"插入"命令,弹出"打开"对话框,打开之前的保存目录下选择创建的".emp"宏文件,如图 3-126 所示。

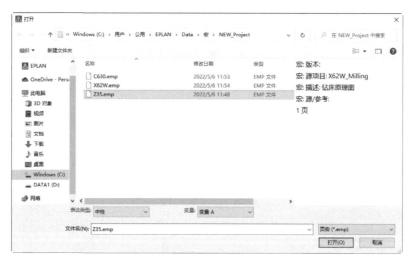

图 3-126　"打开"对话框

单击"打开"命令,此时系统自动弹出"调整结构"对话框,显示插入的页宏的位置,默认编号为 1,如图 3-127 所示。勾选"页名自动",自动根据当前项目下的原理图页进行编号,自动更新插入的页面宏的编号为 4,如图 3-128 所示。

单击"确定"按钮,完成页面宏插入后,在"页"导航器中显示插入的原理图页,如图 3-129 所示。

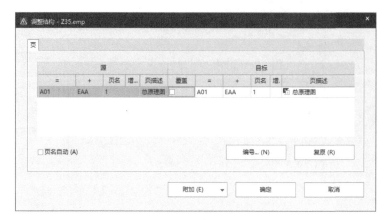

图 3-127 "调整结构"对话框 1

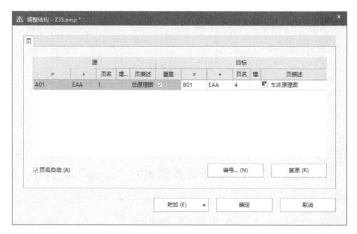

图 3-128 更新页面宏的编号

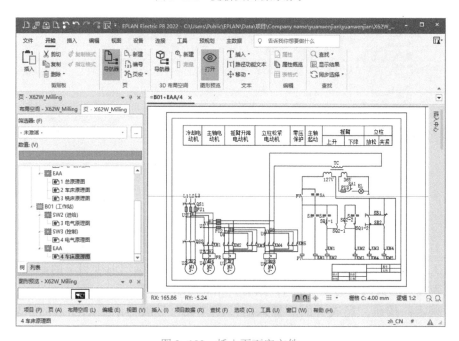

图 3-129 插入页面宏文件

第4章 控制电气工程图设计

控制电路大致可以包括下面几种类型的电路：自动控制电路、报警控制电路、开关电路、灯光控制电路、定时控制电路、温控电路、保护电路、继电器控制电路、晶闸管控制电路、电机控制电路、电梯控制电路等。

本章主要介绍控制电气设计图的绘制方法。通过本章的学习，读者将掌握利用 EPLAN 进行控制电气设计的方法和技巧。

实例 22　变频器控制电路

本例绘制的变频器控制电路图如图 4-1 所示。

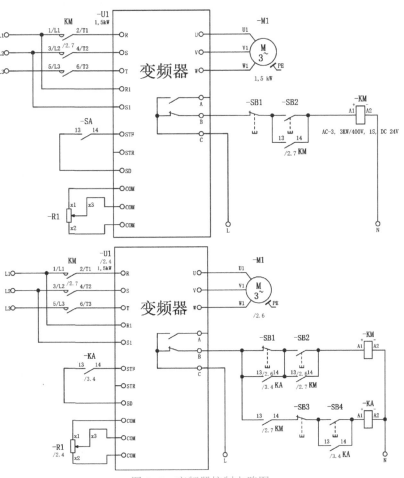

图 4-1　变频器控制电路图

思路分析

电动机正转控制是变频器最基本的功能。正转控制既可采用开关控制方式，也可采用继电器控制方式。两个电路类似，可以先利用面向对象的绘制方法绘制开关控制电路，插入设备，将绘制好的电路创建为宏。最后插入宏电路，绘制继电器控制电路。

 知识要点

 "设备"命令

"插入宏"命令

 绘制步骤

1. 设置绘图环境

（1）创建项目

实例 22-1

1）选择菜单栏中的"项目"→"新建"命令，弹出"创建项目"对话框，在"项目名称"文本框下输入创建新的项目名称"Inverter_control"，在"默认位置"文本框下选择项目文件的路径，在"基本项目"下拉列表中选择带 GB 标准标识结构的基本项目"GB_bas001.zw9"。

2）单击"确定"按钮，在"页"导航器中显示创建的新项目"Inverter_control.elk"。

（2）创建图页

1）在"页"导航器中选中项目名称，选择菜单栏中的"页"→"新建"命令，弹出"新建页"对话框。在该对话框中"完整页名"文本框内默认电路图页名称，在"页类型"下拉列表中选择"多线原理图"（交互式），在"页描述"文本框输入图纸描述"开关控制式正转电路"，如图 4-2 所示。

2）单击"应用"按钮，创建原理图页 2。同时在"新建页"对话框中"完整页名"文本框内显示下一张图纸页名称"=CA1+EAA/3"，在"页描述"文本框输入图纸描述"开关控制式正转电路"，单击"确定"按钮，在"页"导航器中创建原理图页 2，如图 4-3 所示。

图 4-2 "新建页"对话框

图 4-3 新建图页文件

2. 绘制变频器

1）绘制黑盒。单击"插入"选项卡的"设备"面板中的"黑盒"按钮，单击确定黑盒的角点，再次单击确定另一个角点，确定插入黑盒 U1，如图 4-4 所示。按右键"取消操作"命令或〈Esc〉键即可退出该操作。

实例 22-2

2）插入设备连接点。单击"插入"选项卡的"设备"面板中的"设备连接点"按钮，将光标移动到黑盒边框上，移动光标，单击鼠标左键确定连接点的位置，插入输入连接点，自动弹出"属性（元件）：常规设备"对话框，设置连接点参数，如图 4-5 所示。

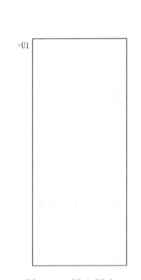

图 4-4　插入黑盒　　　　　　　图 4-5　"属性（元件）：常规设备"对话框

- 在"显示设备标识符"文本框输入"R"。
- 在"连接点代号"文本框输入空。

完成参数设置后，单击"确定"按钮，关闭对话框，此时仍处于放置设备连接点状态，继续放置其余连接点，结果如图 4-6 所示。

单击"插入"选项卡的"设备"面板中的"设备连接点"按钮下拉菜单的"设备连接点（两侧）"按钮，单击鼠标左键确定连接点的位置，插入连接点 A、B、C，如图 4-7 所示。

3）插入符号。选择菜单栏中的"插入"→"符号"命令，弹出"符号选择"对话框，在 GB_symbol 符号库中选择常开、常闭触点符号，如图 4-8 所示。

单击"确定"按钮，在光标上显示浮动的元件符号，单击鼠标左键，在黑盒内放置符号，自动弹出"属性（元件）：常规设备"对话框，单击"确定"按钮，关闭对话框，结果如图 4-9 所示。

4）连接电路。选择菜单栏中的"插入"→"连接符号"→"角"命令、"T 节点"，连接元件，如图 4-10 所示。

单击"插入"选项卡的"图形"面板中的"文本"按钮 T，在黑盒内添加注释文字"变频器"，结果如图 4-11 所示。

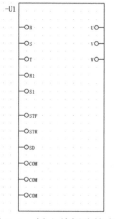

图 4-6 插入单侧连接点

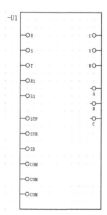

图 4-7 插入两侧连接点

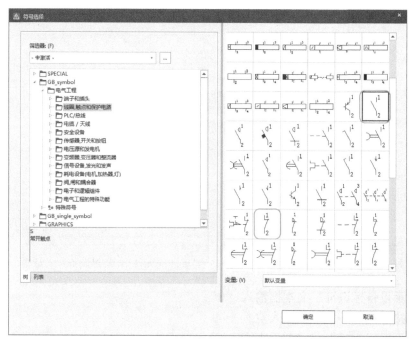

图 4-8 "符号选择"对话框

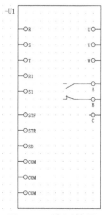

图 4-9 放置符号

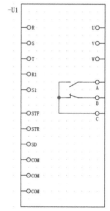

图 4-10 连接电路图

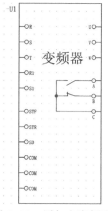

图 4-11 添加文字标注

5) 组合图形。选择整个图形，单击 "编辑" 选项卡 "组合" 面板中的 "组合" 按钮，将绘制的元件符号变为一个整体图符。

6) 设备配型。双击组合的黑盒设备，弹出 "属性（全局）：黑盒" 对话框，打开 "部件（设备）" 选项卡，单击 "…" 按钮，弹出 "部件选择" 对话框，如图 4-12 所示，选择变频器设备部件，部件编号为 "SEW.MC07B0015-5A3-4-00"，如图 4-13 所示，添加部件后如图 4-14 所示。单击 "确定" 按钮，关闭对话框。

图 4-12　"部件选择" 对话框

图 4-13　设置部件属性

图 4-14　添加部件

3. 绘制开关控制式正转电路

开关控制式正转电路包含接触器 KM、开关 SA、电位器 RP、按钮 SB1、SB2、电动机 M。

1）插入接触器。选择菜单栏中的"插入"→"设备"命令，弹出"部件选择"对话框，选择需要的继电器，如图 4-15 所示。单击"确定"按钮，单击鼠标左键，在原理图中放置接触器设备 KM，包含 1 个线圈、KM 主触点、1 个 KM 常开触点，结果如图 4-16 所示。

实例 22-3

图 4-15　"部件选择"对话框

图 4-16　放置接触器

🔔 注意

电气控制电路中，同一电气元件的各导电部分如线圈和触头常常不画在一起，但要用同一文字标明。

2) 插入电机。选择菜单栏中的"插入"→"设备"命令，弹出"部件选择"对话框，选择电动机，如图 4-17 所示，单击"确定"按钮，原理图中在光标上显示浮动的元件符号，单击鼠标左键，在原理图中放置电动机 M1，结果如图 4-18 所示。

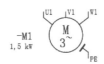

图 4-17　"部件选择"对话框　　　　　　　　图 4-18　放置电动机

3) 插入按钮。选择菜单栏中的"插入"→"设备"命令，弹出"部件选择"对话框，选择按钮，如图 4-19 所示，单击"确定"按钮，弹出"插入设备"对话框，部件编号没有对应的元件符号，需要进行选择，选择"符号选择"选项，如图 4-20 所示。

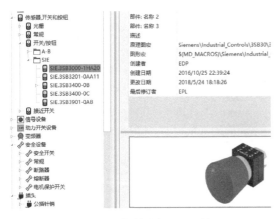

图 4-19　"部件选择"对话框　　　　　　　　图 4-20　"插入设备"对话框

单击"确定"按钮，弹出"符号选择"对话框，在"传感器，开关和按钮"选项下选择"按钮，常闭触点"，如图 4-21 所示，单击"确定"按钮，原理图中在光标上显示浮动的元件符号，单击鼠标左键，在原理图中放置按钮 S1、S2，结果如图 4-22 所示。

双击按钮 S2，在弹出的属性设置对话框中"完整设备标识符"栏修改设备标示符为" = CA1+EAA-SB2"，打开"符号数据/功能数据"选项卡，在"编号/名称:"栏右侧单击"…"按钮，弹出"符号选择"对话框，选择"SSD 按钮，常开触点"，单击"确定"按钮，关闭对话框，在"符号数据/功能数据"选项卡中显示修改的图形符号，如图 4-23 所示。

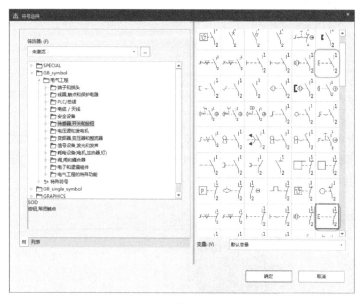

图 4-21 "符号选择"对话框

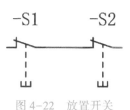

图 4-22 放置开关

使用同样的方法，修改按钮 S1 为 SB1，结果如图 4-24 所示。

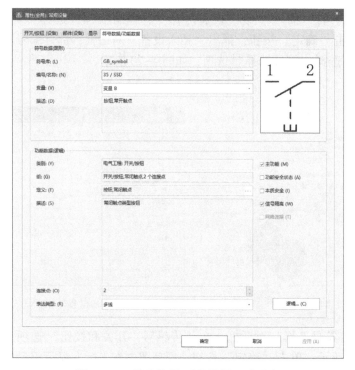

图 4-23 "符号数据/功能数据"选项卡

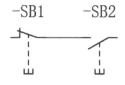

图 4-24 修改结果

对于系统的部件库中没有的部件，直接在"符号选择"对话框中选择开关 SA 和电位器 RP，结果如图 4-25 所示。

图 4-25　放置元件结果

4）元件布局。单击选中线圈 K1，按住鼠标左键进行拖动。将元件移至合适的位置后释放鼠标左键，即可对其完成移动操作。在移动对象时，可以通过滚动鼠标滚轮来缩放视图，以便观察细节。

实例 22-4

双击线圈 K1，弹出属性设置对话框，在"线圈（设备）"选项卡中"完整设备标识符"栏单击"···"按钮，弹出"完整设备标识符"对话框，在"显示设备标识符"栏输入"KM"，单击"确定"按钮，在"完整设备标识符"栏显示完整设备标识符"＝CA1＋EAA-KM"，如图 4-26 所示。

图 4-26　修改设备标示符

在"符号数据/功能数据"选项卡中"变量"默认为"变量 A"，这里需要在下拉列表中选择"变量 B"，旋转变量方向，如图 4-27 所示。

🔔 注意

在"符号数据/功能数据"选项卡中"变量"下拉列表中选择切换 A~E 这 8 个变量，可以 90°旋转元件。

图 4-27 选择变量

选中元件的标注部分，单击鼠标右键，选择"属性文本"→"移动属性文本"命令，按住鼠标左键进行拖动，可以移动元件标注的位置。

采用同样的方法调整所有的元件，效果如图 4-28 所示。

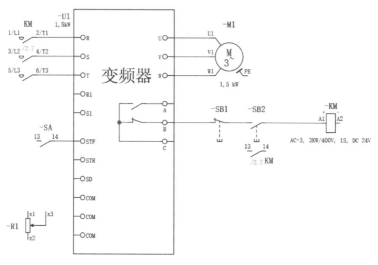

图 4-28 元件调整效果

5）连接电路。选择菜单栏中的"插入"→"连接符号"→"角"命令，根据图纸要求连接原理图，如图 4-29 所示。

选择菜单栏中的"插入"→"连接符号"→"T 节点"命令，根据图纸要求连接原理图，如图 4-30 所示。

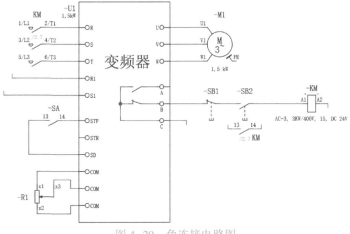

图 4-29　角连接电路图

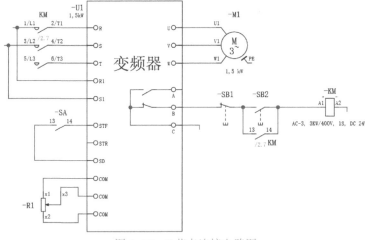

图 4-30　T 节点连接电路图

选择菜单栏中的"插入"→"电位连接点"命令，在光标处于放置电位连接点的状态时按〈Tab〉键，旋转电位连接点连接符号，变换电位连接点连接模式，单击鼠标左键放置电位连接点 L1、L2、L3、L、N，结果如图 4-31 所示。

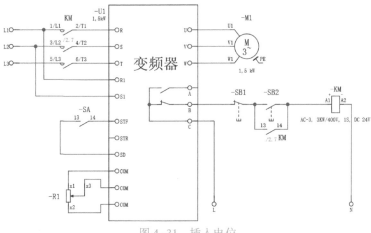

图 4-31　插入电位

　　6）创建宏。单击功能区"主数据"选项卡"宏"面板"创建"按钮 🖱，框选所有对象，如图 4-32 所示，系统将弹出如图 4-33 所示的宏"另存为"对话框，在"文件名"文本框中输入宏名称 switch.ema，在"描述"列表中输入"开关控制式正转电路"，在"附加"下选择"定义基准点"命令，选择变频器左下角点，单击"确定"按钮，关闭对话框，完成宏的创建。

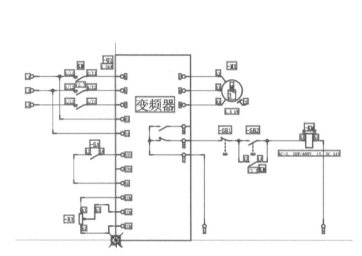

图 4-32　选择对象　　　　　　　　　　　　　　　　　图 4-33　"另存为"对话框

4. 绘制继电器控制式正转电路

　　继电器控制式正转控制电路比开关控制式正转电路多了继电器 KA（1 个 KA 线圈、3 个 KA 常开触点）和与两个控制按钮 SB3、SB4。

实例 22-5

　　选择菜单栏中的"插入"→"窗口宏/符号宏"命令，系统将弹出如图 4-34 所示的宏"选择宏"对话框，在之前的保存目录下选择创建的"switch.ema"宏文件。

图 4-34　"选择宏"对话框

　　单击"打开"命令，在原理图中单击鼠标左键确定插入宏。此时系统自动弹出"插入模式"对话框，选择"不更改"。按右键"取消操作"命令或〈Esc〉键即可退出该操作。

电路中的继电器 KA 包括 1 个线圈、3 个常开触点，按钮包括 SB3、SB4，在插入的宏电路中包含同类型的设备，为简化绘制步骤，利用复制、粘贴命令，得到所需元件，整理电路结果如图 4-35 所示。

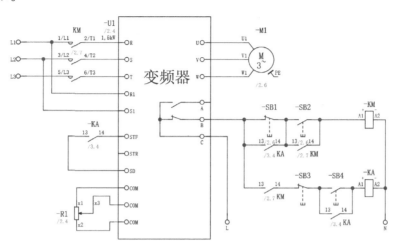

图 4-35 继电器控制式正转电路

⚠注意

特定情况下，不需要显示原理图中的某些参数。双击继电器线圈 KA，弹出属性设置对话框，在"显示"选项卡中选择"技术参数"，在右侧"隐藏"选项下选择"是"，如图 4-36 所示。单击"确定"按钮，隐藏继电器的技术参数。

图 4-36 隐藏属性

实例 23 恒温烘房电气控制图

绘制如图 4-37 所示的恒温烘房电气控制图。

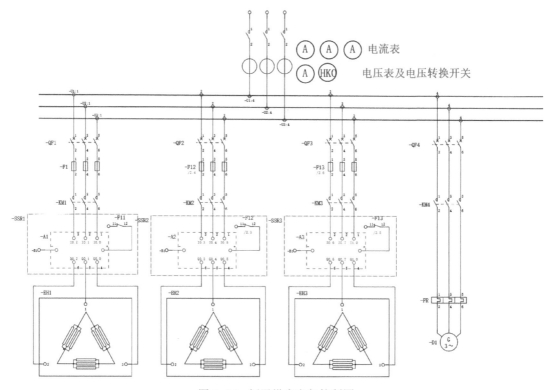

图 4-37 恒温烘房电气控制图

思路分析

图 4-37 所示为某恒温烘房的电气控制图，它主要由供电线路和三个加热区及风机组成。其绘制思路为：先根据图纸依次绘制各主要电气元件，之后将各电气元件分别插入合适位置组成各加热区和循环风机，最后将各部分组合完成图样绘制。

知识要点

"符号"命令

"位置盒"命令

 绘制步骤

1. 设置绘图环境

（1）创建项目

实例 23-1

选择菜单栏中的"项目"→"新建"命令，弹出"创建项目"对话框，在"项目名称"文本框下输入创建新的项目名称"Thermal_temperature_drying_house"，在"默认位置"文本框下选择项目文件的路径，在"基本项目"下拉列表中选择带 IEC 标准标识结构的基本项目

"IEC_bas001. zw9"。

单击"确定"按钮，在"页"导航器中显示创建的新项目"Thermal_temperature_drying_house. elk"。

（2）加载符号库

选择菜单栏中的"插入"→"符号"命令，弹出"符号选择"对话框，如图4-38所示，在空白处单击鼠标右键，选择"设置"命令，弹出"设置：符号库"对话框，单击"…"按钮，弹出"选择符号库"对话框，选择"ELC Library"，如图4-39所示，单击"打开"按钮，加载符号库 ELC Library，如图4-40所示。

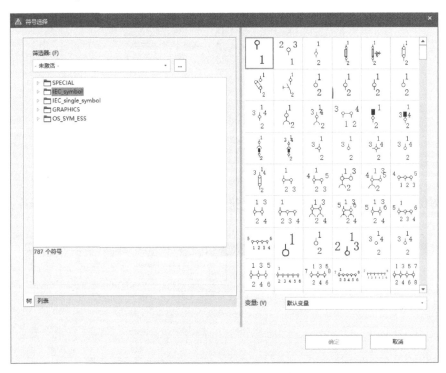

图4-38 "符号选择"对话框

图4-39 "选择符号库"对话框

	同步	前缀	符号库	默认变量
1	☑	S	SPECIAL	从符号库中
2	☑	I	IEC_symbol	从符号库中
3	☑	I	IEC_single_symb...	从符号库中
4	☑	G	GRAPHICS	从符号库中
5	☑	O	OS_SYM_ESS	从符号库中
6	☑	E	ELC_Library	从符号库中
7	☑			从符号库中
8	☑			从符号库中
9	☑			从符号库中
10	☑			从符号库中
11	☑			从符号库中
12	☑			从符号库中
13	☑			从符号库中
14	☑			从符号库中
15	☑			从符号库中
16	☑			从符号库中
17	☑			从符号库中
18	☑			从符号库中
19	☑			从符号库中
20	☑			从符号库中

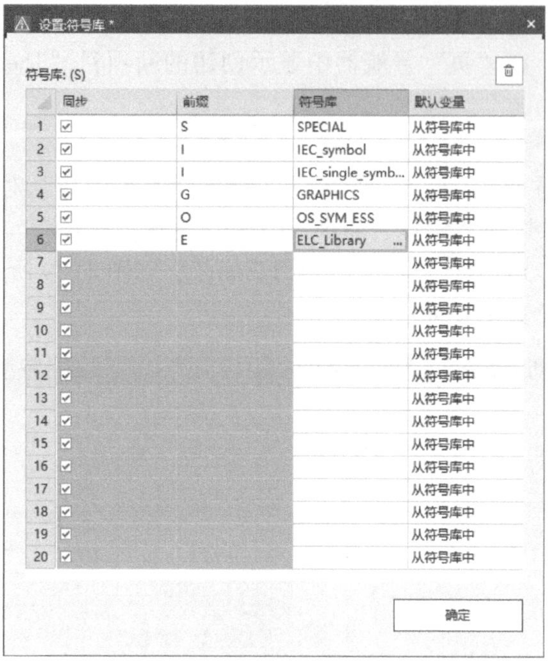

图 4-40 “设置：符号库”对话框

单击“确定”按钮，关闭对话框，返回“符号选择”对话框，显示加载的符号库，如图 4-41 所示。

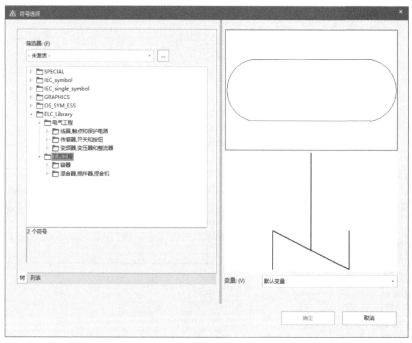

图 4-41 添加符号库

(3) 创建图页

1) 在“页”导航器中选中项目名称，选择菜单栏中的“页”→“新建”命令，弹出“新建页”对话框。

2) 在该对话框中"完整页名"文本框内默认电路图页名称，在"页类型"下拉列表中选择"多线原理图"（交互式），"页描述"文本框输入图纸描述"恒温烘房电气控制图"，如图 4-42 所示。

单击"确定"按钮，在"页"导航器中创建原理图页 2，如图 4-43 所示。

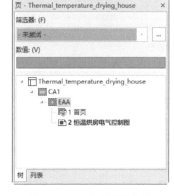

图 4-42　"新建页"对话框　　　　　图 4-43　新建图页文件

2. 绘制加热器

1) 插入黑盒。选择菜单栏中的"插入"→"盒子连接点/连接板/安装板"→"黑盒"命令，插入黑盒 EH1，结果如图 4-44 所示。

实例 23-2

2) 插入设备连接点。选择菜单栏中的"插入"→"盒子连接点/连接板/安装板"→"设备连接点"命令，在黑盒内单击插入设备连接点 1、2、3，如图 4-45 所示。

图 4-44　插入黑盒

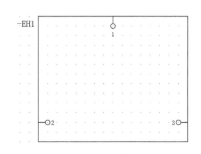

图 4-45　插入设备连接点

🔔**注意**

EPLAN 的符号库再强大，也不可能包含所有的元件与符号，对于符号库中没有的元件，除了新建符号创建元件符号，还可以通过导入 DWG 文件转换的宏进行插入。

3) 插入图形符号。选择菜单栏中的"工具"→"生成宏"→"从 DXF/DWG 文件"命令，弹出"DXF/DWG 文件选择"对话框，选择"RDQ.dwg"，如图 4-46 所示。

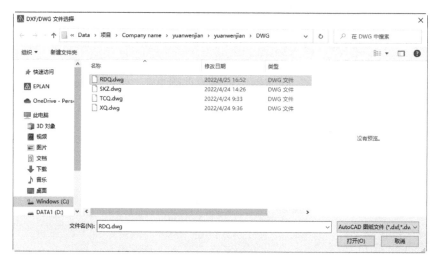

图 4-46 "DXF/DWG 文件选择"对话框

单击"打开"按钮，弹出"DXF-/DWG 导入"对话框，在"目标"选项下单击 🔍 按钮，在弹出的"选择文件夹"对话框中选择生成的宏文件路径，结果如图 4-47 所示。单击"确定"按钮，在目标文件夹下生成宏文件 RDQ. ema。

选择菜单栏中的"插入"→"窗口宏/符号宏"命令，系统将弹出如图 4-48 所示的宏"选择宏"对话框，在之前的保存目录下选择创建的"RDQ. ema"宏文件。

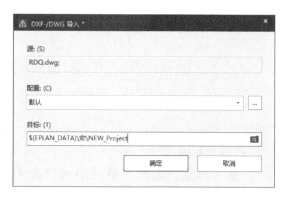

图 4-47 "DXF-/DWG 导入"对话框

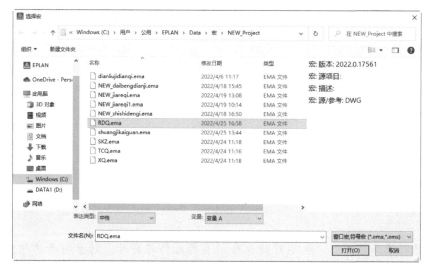

图 4-48 "选择宏"对话框

单击"打开"按钮，此时光标变成十字形状并附加选择的宏符号，如图 4-49 所示，将光标移动到想要需要插入宏的位置上，在原理图中单击鼠标左键确定插入宏，结果如图 4-50 所示。宏插入完毕,按右键"取消操作"命令或〈Esc〉键即可退出该操作。

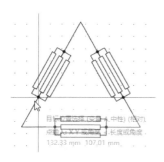

图 4-49　显示宏符号

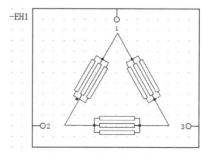

图 4-50　符号插入结果

单击功能区"编辑"选项卡下"组合"面板中的"组合"按钮▥,将黑盒与设备连接点或图形符号等对象组合成一个整体。

3. 完成加热区

本图共有 3 个加热区,下面以一个加热区为例介绍加热区的绘制方法:

(1) 插入固态继电器线圈

选择菜单栏中的"插入"→"窗口宏/符号宏"命令,系统将弹出如图 4-51 所示的"选择宏"对话框,在之前的保存目录下选择创建的"JDQ. ema"宏文件。

实例 23-3

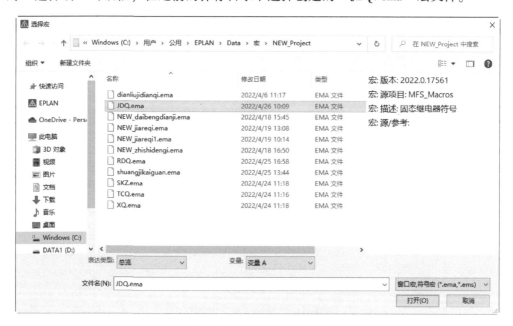

图 4-51　"选择宏"对话框

单击"打开"命令,此时光标变成十字形状并附加选择的宏符号,在原理图中单击鼠标左键确定插入宏。此时系统自动弹出"插入模式"对话框,选择"不更改",如图 4-52 所示。单击"确定"按钮,关闭对话框,插入结果如图 4-53 所示。

(2) 插入交流接触器

选择菜单栏中的"插入"→"符号"命令,弹出如图 4-54 所示的"符号选择"对话框,选择"电气工程→线圈,触点和保护电路→常开触点→三级常开触点,6 个连接点→SL3",完成元件选择后，单击"确定"按钮，电气图中在光标上显示浮动的元件符号，在电气图空白处单击鼠标左键，在电气图中放置交流接触器常开触点。

图 4-52 "插入模式"对话框

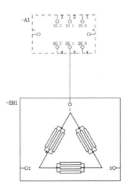

图 4-53 插入宏符号

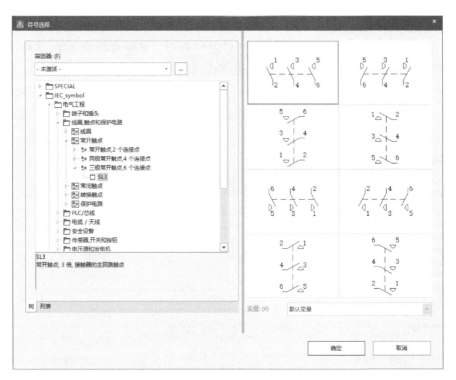

图 4-54 "符号选择"对话框

放置元件的同时自动弹出"属性（元件）：常规设备"对话框，如图 4-55 所示。在"显示设备标识符"栏输入"KM1"，单击"确定"按钮，关闭对话框，显示电气图中的交流接触器常开触点 KM1，如图 4-56 所示。

（3）插入其余电气元件

选择菜单栏中的"插入"→"符号"命令，弹出"符号选择"对话框，根据下面的选择路径分别插入熔断器、电源开关和继电器常闭触点，结果如图 4-57 所示。

● 熔断器 F1：选择"电气工程-安全设备-三级熔断器-F3"。

图 4-55　"属性（元件）：常规设备"对话框

- 电源开关 QF1：选择"电气工程-传感器，开关和按钮-开关
  /按钮-QL3_6"。
- 继电器常闭触点 F11：选择"电气工程-线圈，触点和保护电
  路-O"。

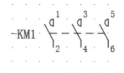

图 4-56　显示放置的元件

（4）连接电路

选择菜单栏中的"插入"→"连接符号"→"角"命令，连接原理图，如图 4-58 所示。

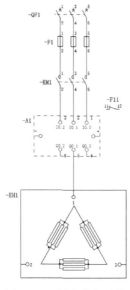

图 4-57　插入电气元件

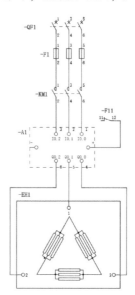

图 4-58　连接原理图

选择菜单栏中的"插入"→"电位连接点"命令，在光标处于放置电位连接点的状态时按〈Tab〉键，旋转电位连接点连接符号，变换电位连接点连接模式，单击鼠标左键放置电位连接点，结果如图4-59所示。

（5）绘制结构盒

单击"插入"选项卡"设备"面板中的"结构盒"按钮，绘制适当大小结构盒 SSR1，框选继电器选前与常闭触点，表示继电器模块，结果如图4-60所示。

实例 23-4

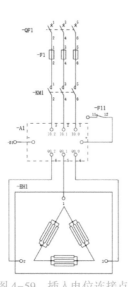

图 4-59　插入电位连接点

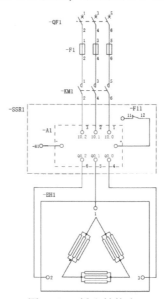

图 4-60　插入结构盒

（6）插入母线

选择菜单栏中的"插入"→"盒子连接点/连接板/安装板"→"母线连接点"命令，此时光标变成交叉形状并附加一个母线连接点符号。在光标处于放置母线连接点的状态时按〈Tab〉键，旋转母线连接点连接符号，变换母线连接点连接模式。将光标移动到想要需要插入母线连接点的元件水平或垂直位置上，出现红色的连接符号表示电气连接成功。移动光标，选择母线连接点的插入点，单击鼠标左键确定插入母线连接点。

弹出母线连接点属性设置对话框，在"显示设备标识符"中输入母线连接点的设备标识符和连接点代号，如图4-61所示。

此时光标仍处于插入母线连接点的状态，重复上述操作可以继续插入其他的母线连接点。母线连接点插入完毕，按右键"取消操作"命令或〈Esc〉键即可退出该操作。结果如图4-62所示。

选择菜单栏中的"插入"→"图形"→"直线"命令，绘制三条过母线的水平直线，如图4-63所示。

（7）复制加热区

1）复制图形。单击"编辑"选项卡的"图形"面板中的"多重复制"按钮，向外拖动元件，确定复制的元件方向与间隔，单击确定第一个复制对象位置后，系统将弹出如图4-64所示的"多重复制"对话框。

2）在"多重复制"对话框中，在"数量"文本框中输入2，单击"确定"按钮，弹出"插入模式"对话框，选择"编号"选项，如图4-65所示。单击"确定"按钮，关闭对话框，复制加热区结果如图4-66所示。

图 4-61　母线连接点属性设置对话框

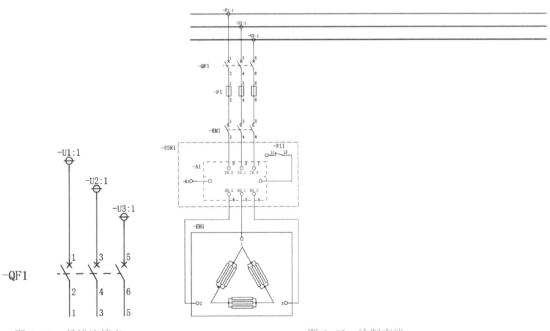

图 4-62　母线连接点　　　　　　　　　　图 4-63　绘制直线
　　　　插入结果

图 4-64 "多重复制"对话框   图 4-65 "插入模式"对话框

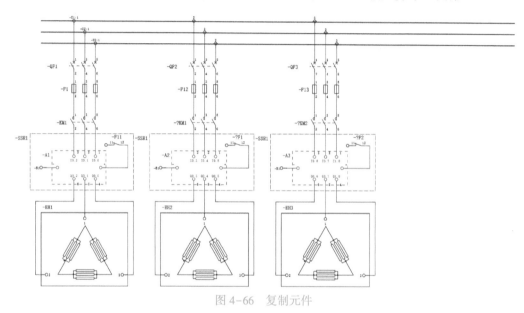

图 4-66 复制元件

🔔 注意

不同的元件的设备标示符编号有不同的规则，根据"插入模式"中的"编号"模式进行元件复制并编号，可能出现"?"格式，需要修改标号规则，也可以直接手动进行修改。

双击复制后的交流接触器"？KM1"，弹出"属性（全局）：常规设备"对话框，在"完整设备标识符"文本框中修改设备标示符为"=CA1+EAA-KM2"，如图 4-67 所示。

使用同样的方法，修改其余交流接触器与固态继电器常闭触点，结果如图 4-68 所示。

🔔 注意

复制后的结构盒，无法通过在属性设置对话框中修改设备标识符，需要重新绘制。

4. 完成循环风机

（1）插入热继电器

选择菜单栏中的"插入"→"符号"命令，弹出如图 4-69 所示的"符号选择"对话框，选择"电气工程→安全设备→热过载继电器→散热，6 个连接点→FT3"，完成元件选择后，单击"确定"按钮，电气图中在光标上显示浮动的元件符号，在原理图空白处单击鼠标左键，在电气图中放置热继电器触点。

实例 23-5

图 4-67 "属性（全局）：常规设备"对话框

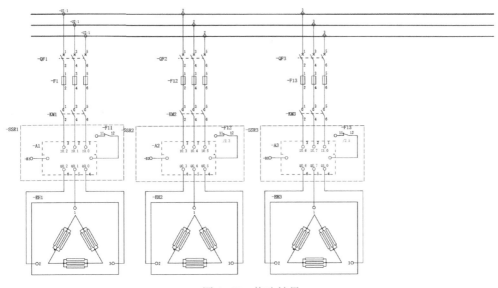

图 4-68 修改结果

　　放置元件的同时自动弹出"属性（元件）：常规设备"对话框，在"显示设备标识符"栏输入"FR"，单击"确定"按钮，关闭对话框，显示电气图中的热继电器，如图 4-70 所示。

　　使用同样的方法，在"符号选择"对话框中"电气工程→电压源和发电机"选择"G3 三相发电机，常规"，插入风机符号 D1，同时自动将热继电器和风机的对应线头连接起来，如图 4-71 所示。

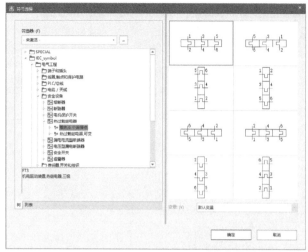

图 4-69 "符号选择"对话框

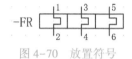

图 4-70 放置符号

利用复制、粘贴命令，复制交流接触器 KM1、电源开关 QF1，依次在上面的接线头插入交流接触器 KM4、电源开关 QF4，并调整放置位置，结果如图 4-72 所示，完成循环风机模块绘制。

5. 添加到结构图

前面已经分别完成了图纸布局、各个加热模块以及循环风机的绘制、按照规定的尺寸将上述各个图形组合起来就是完整的烘房电气控制图。

实例 23-6

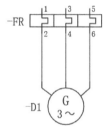

图 4-71 插入风机

（1）插入电流互感器

选择菜单栏中的"插入"→"符号"命令，弹出"符号选择"对话框，加载符号库 ELC Library。选择电流互感器，如图 4-73 所示。单击"确定"按钮，单击鼠标左键，在原理图中放置元件。

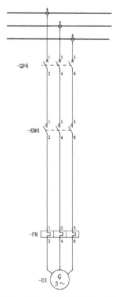

图 4-72 绘制循环风机

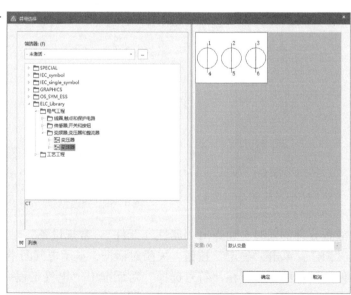

图 4-73 选择电流互感器

使用同样的方法，在"符号选择"对话框中"电气工程→线圈，触点和保护电路"选择"SL 常开触点主触点"，插入开关符号，同时自动将开关和电流互感器的对应线头连接起来，如图 4-74 所示。

（2）插入母线

选择菜单栏中的"插入"→"盒子连接点/连接板/安装板"→"母线连接点"命令，在"显示设备标识符"中输入母线连接点的设备标识符和连接点代号，如图 4-75 所示。

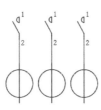

图 4-74　插入元件

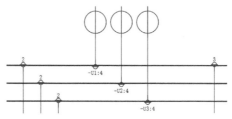

图 4-75　母线连接点插入结果

选择菜单栏中的"插入"→"电位连接点"命令，此时光标变成交叉形状并附加一个电位连接点符号 ✤。将光标移动到想要需要插入电位连接点的元件的水平或垂直位置上，在光标处于放置电位连接点的状态时按〈Tab〉键，旋转电位连接点连接符号，变换电位连接点连接模式，电位连接点与元件间显示自动连接，如图 4-76 所示。电位连接点插入完毕，按右键"取消操作"命令或〈Esc〉键即可退出该操作。

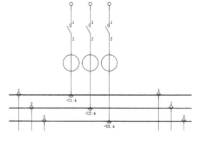

图 4-76　放置电位连接点

6. 添加注释

（1）添加图形注释

单击"插入"选项卡的"图形"面板中的"圆"按钮 ⊙，绘制半径为 6 的圆，如图 4-77 所示。

实例 23-7

单击"插入"选项卡的"图形"面板中的"文本"按钮 T，在圆内添加文字"A"，双击文字，在"字号"选项下选择"5.00 mm"，如图 4-78 所示。单击"确定"按钮，关闭对话框，结果如图 4-79 所示。

图 4-77　绘制圆

图 4-78　设置字号

图 4-79　添加文字

🔔 **注意**

一般情况下，原理图中的栅格选择"栅格C：4.00mm"，为了调整文字位置，单击状态栏中的"栅格"按钮▦下拉列表，切换选择不同的栅格。

利用复制、粘贴命令，复制上面绘制的图形注释，按照图纸要求修改文字注释，结果如图4-80所示。

（2）添加注释文字

单击"插入"选项卡的"图形"面板中的"路径功能文本"按钮，弹出"属性（文本）"对话框，参数设置"字号"为"5.00mm"，"层"为"EPLAN110，图形路径功能文本"，如图4-81所示。

一次输入几行文字然后再调整其位置对齐文字。调整位置的时候，结合使用栅格命令，结果如图4-82所示。

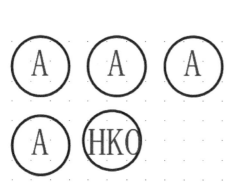

图4-80 添加图形注释

图4-81 "属性（文本）"对话框

图4-82 添加注释文字

 实例 24 水位控制电路

本例绘制的水位控制电路图如图4-83所示。

👷 **思路分析**

水位控制电路是一种典型的自动控制电路，绘制时首先要观察并分析图纸的结构，在符号库中选择各个电子元件，接着将各个电子元件插入到原理图中，根据图纸进行电气连接，最后在电路图适当的位置添加相应的文字和注释说明，即可完成电路图的绘制。绘制水位控制电路图时可以分为供电线路、控制线路和负载线路 3 部分进行绘制。

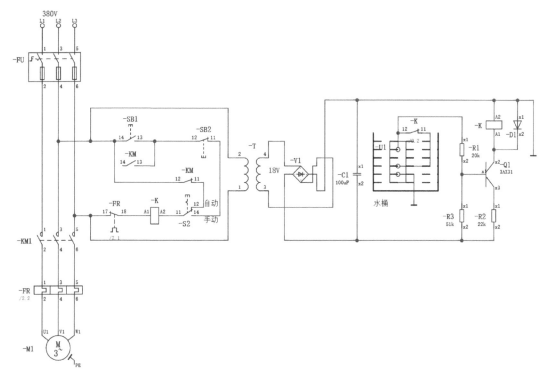

图 4-83　水位控制电路图

知识要点

- "符号" 命令
- "黑盒" 命令

绘制步骤

1. 设置绘图环境

（1）创建项目

实例 24-1

选择菜单栏中的"项目"→"新建"命令，弹出"创建项目"对话框，在"项目名称"文本框下输入创建新的项目名称"Water_level_control"，在"默认位置"文本框下选择项目文件的路径，在"基本项目"下拉列表中选择带 GB 标准标识结构的基本项目"GB_bas001.zw9"。

单击"确定"按钮，在"页"导航器中显示创建的新项目"Water_level_control.elk"，如图 4-84 所示。

（2）图页的创建

1）在"页"导航器中选中项目名称，单击鼠标右键选择"新建"命令，弹出如图 4-85 所示的"新建页"对话框。

2）单击"确定"按钮，完成图页添加，在"页"导航器中显示添加原理图页结果，进入原理图编辑环境，如图 4-86 所示。

图 4-84 创建新项目

图 4-85 "新建页"对话框

图 4-86 新建图页文件

2. 绘制供电电路

供电电路一般包括电机 M1、过载保护热继电器 FR、接触器常开触点 KM1、熔断器 FU、电源保护开关 QS。为方便视同。供电电路可制作成宏，方便其他电路调用。

实例 24-2

（1）插入电机元件

选择菜单栏中的"项目数据"→"符号"命令，弹出的"符号选择"导航器，选择需要的元件-电机，如图 4-87 所示。双击元件，原理图中在光标上显示浮动的元件符号，单击鼠标左键放置元件，自动弹出"属性（元件）：常规设备"对话框，默认电机设备标示符 M1，单击"确定"按钮，关闭对话框，在原理图中放置电机元件 M1，如图 4-88 所示。

图 4-87　"符号选择"导航器

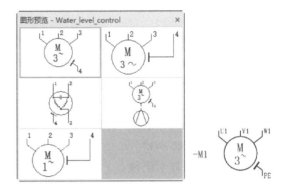

图 4-88　放置电机元件

（2）插入其余元件。

打开"符号选择"导航器，根据下面的选择路径分别插入过载保护热继电器 FR、接触器常开触点 KM1、熔断器 FU，结果如图 4-89 所示。

- 过载保护热继电器 FR：选择"电气工程-安全设备-热过载继电器-散热，6 个连接点-FT3"。
- 接触器常开触点 KM1：选择"电气工程-线圈，触点和保护电路-常开触点-三极常开触点，6 个连接点-SL3"。
- 带保护开关的熔断器 FU：选择"电气工程-安全设备-熔断器-三极熔断器-FS3"。

选择菜单栏中的"插入"→"电位连接点"命令，在光标处于放置电位连接点的状态时按〈Tab〉键，旋转电位连接点连接符号，变换电位连接点连接模式，单击鼠标左键放置电位连接点 L1、L2、L3，结果如图 4-90 所示。

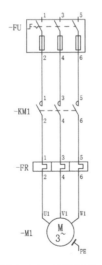

图 4-89　放置元件

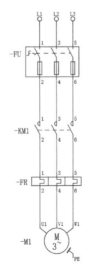

图 4-90　插入电位

3. 绘制控制线路

控制电路中包含下面的元件：起动、停止按钮 SB1、SB2；接触器辅助常开触点、常闭触点 KM，继电器线圈 K、过载保护热继电器常闭触点 FR；手动、自动转换开关 S2；变压器 T。

实例 24-3

（1）放置元件

在"符号选择"导航器选择电气元件，如图 4-91 所示。元件参数如下：

- 继电器线圈 K：选择"电气工程→线圈，触点和保护电路→线圈→线圈，2 个连接点→K"。
- 接触器辅助常开触点 KM：选择"电气工程→线圈，触点和保护电路→常开触点→常开触点，2 个连接点→S"。
- 接触器辅助常闭触点 KM：选择"电气工程→线圈，触点和保护电路→常闭触点→常闭触点，2 个连接点→O"。
- 过载保护热继电器常闭触点 FR：选择"电气工程→线圈，触点和保护电路→常闭触点→常闭触点，2 个连接点→OT"。
- 起动按钮 SB1：选择"电气工程→传感器，开关和按钮→开关/按钮→开关/按钮，常开触点，2 个连接点→SSD"。
- 停止按钮 SB2：选择"电气工程→传感器，开关和按钮→开关/按钮→开关/按钮，常闭触点，2 个连接点→SOD"。
- 自动手动转换开关 S2：选择"电气工程→传感器，开关和按钮→开关/按钮→开关/按钮，转换触点，3 个连接点→SW2DR 1"。
- 变压器 T：选择"电气工程→变频器，变压器和整流器→变压器→变压器，4 个连接点→TS11"。

（2）电气连接

单击"插入"功能区"符号"选项中的"右下角"按钮█，光标处于放置右下角连接的状态，将鼠标放置在元件水平、垂直线方向，按下〈Tab〉键旋转角方向，自动进行角连接，在该处单击鼠标左键，完成连接如图 4-92 所示。

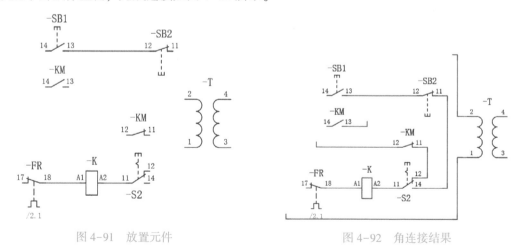

图 4-91　放置元件　　　　　　　　　　图 4-92　角连接结果

单击"连接符号"工具栏中的"T 节点，向右"按钮█，将光标处放置在元件节点右方，图中自动显示 T 节点连接符号，如图 4-93 所示。

单击"连接符号"工具栏中的"T 节点，向下"按钮█，将光标处放置在元件节点下方，图中自动显示 T 节点连接符号，连接电路图，按右键"取消操作"命令或〈Esc〉键即可退出该操作，如图 4-94 所示。

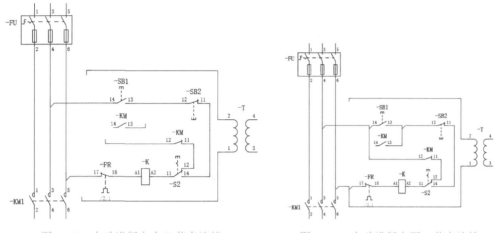

图 4-93　自动进行向右 T 节点连接　　　　　图 4-94　自动进行向下 T 节点连接

单击"连接符号"工具栏中的"T 节点，向上"按钮，自动显示 T 节点连接符号，连接电路图，如图 4-95 所示。

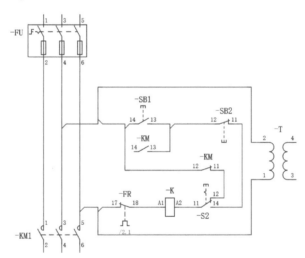

图 4-95　T 节点连接结果

双击 T 节点，打开 T 节点的属性编辑对话框，如图 4-96 所示。在该对话框中勾选"作为点描述"复选框，单击"确定"按钮，完成设置，结果如图 4-97 所示。

4. 绘制晶体管

（1）创建符号变量 A

选择菜单栏中的"工具"→"主数据"→"符号"→"新建"命令，弹出"打开创建符号的符号库"对话框，选择"ELC_Library"，如图 4-98 所示。

单击"确定"按钮，弹出"生成变量"对话框，目标变量选择"变量 A"，如图 4-99 所示，单击"确定"按钮，关闭对话框，弹出"符号属性"对话框。

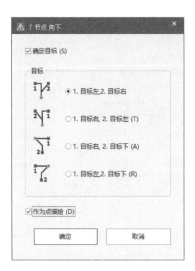

图 4-96　T 节点属性设置

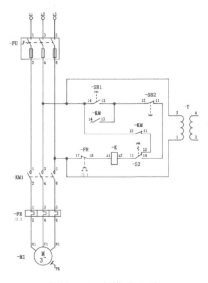

图 4-97　点模式显示

图 4-98　"打开创建符号的符号库"对话框

在"符号编号"文本框中命名符号编号；在"符号名"文本框中命名符号名 NPN；在"功能定义"文本框中选择功能定义，单击"…"按钮，弹出"功能定义"对话框，如图 4-100 所示，可根据绘制的符号类型，选择功能定义，功能定义选择"半导体，3 个连接点"，在"连接点"文本框中定义连接点，连接点为"3"。

默认连接点逻辑信息，如图 4-101 所示，单击"确定"按钮，进入符号编辑环境，如图 4-102 所示，绘制符号外形。

图 4-99　"生成变量"对话框

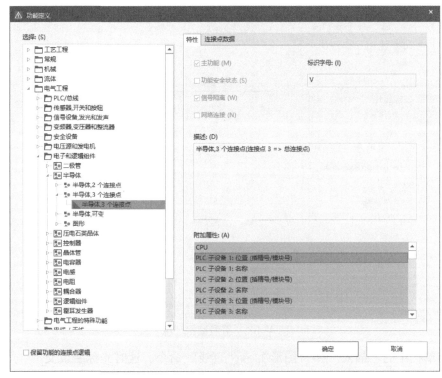

图 4-100　"功能定义"对话框

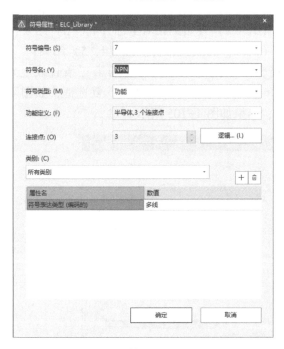

图 4-101　"符号属性"对话框

（2）绘制图形符号

定义 NPN 晶体管元件实体时栅格尽量选择 C，以免在后续的原理图绘制时插入该符号而不能自动连线。

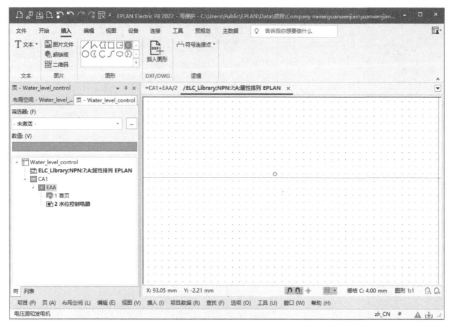

图 4-102　符号编辑环境

选择菜单栏中的"插入"→"图形"→"直线"命令，这时光标变成交叉形状并附带直线符号✐，绘制直线外形，如图 4-103 所示。

* 第一条直线：坐标（0，-6）开始到相对坐标（0，12）结束；
* 第二条直线：坐标（0，-1）开始到相对坐标（4，-5）结束；
* 第三条直线：坐标（0，1）开始到相对坐标（4，5）结束；

图 4-103　绘制晶体管

如果要设置下端为箭头形状，则可以在画好的第三条直线上双击，在"直线"选项组"起终点"选项下勾选"箭头显示"复选框，如图 4-104 所示，直线的一端显示箭头，结果如图 4-105 所示。

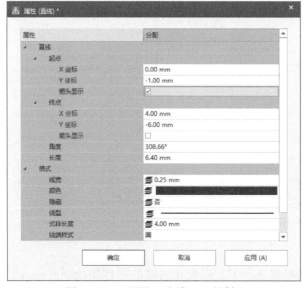

图 4-104　"属性（直线）"对话框

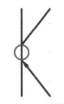

图 4-105　效果图

（3）添加连接点

选择菜单栏中的"插入"→"连接点左"命令，这时光标变成交叉形状并附带连接点符号，按住〈Tab〉键，旋转连接点方向，单击确定连接点位置，自动弹出"连接点"属性对话框，在该对话框中，默认显示连接点号 1，绘制其他 2 个连接点，如图 4-106 所示。

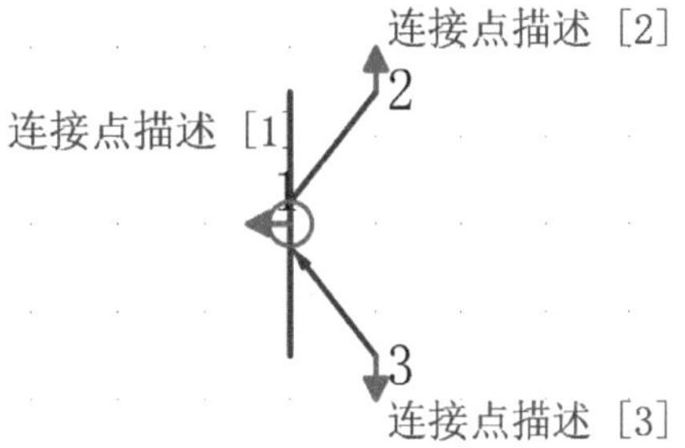

连接点描述［2］

连接点描述［1］

连接点描述［3］

图 4-106　绘制连接点

（4）添加元件属性

选择菜单栏中的"编辑"→"已放置的属性"命令，打开"属性放置"对话框，单击"新建"按钮＋，弹出"属性选择"对话框，在"查找"文本框输入"设备标识符"，单击"〈Enter〉键"，显示包含关键字的属性，选择"设备标识符（显示）"，如图 4-107 所示，单击"确定"按钮，

图 4-107　"属性选择"对话框

在"属性列表"列表中显示添加"设备标识符（显示）"，如图 4-108 所示。使用同样的方法，添加"技术参数"和"功能文本"，如图 4-109 所示。

单击"确定"按钮，关闭对话框，在工作区显示元件添加属性结果。选择属性，移动到适当位置，结果如图 4-110 所示。

现在已经完成了元件的绘制。选择菜单栏中的"工具"→"主数据"→"符号"→"关闭"命令，退出符号编辑环境。

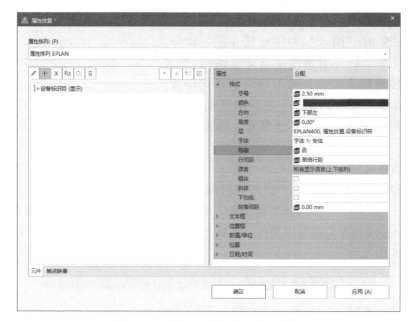

图 4-108　添加"设备标识符"属性

图 4-109　添加多个属性

图 4-110　元件添加属性

（5）添加符号库

选择菜单栏中的"选项"→"设置"命令，弹出"设置"对话框，选择"项目"→
"Water_level_control"→"管理"→"符号库"，如图 4-111 所示，在右侧的"符号库"表格
中单击"…"按钮，弹出"选择符号库"对话框，如图 4-112 所示，增加"ELC_Library"符
号库，如图 4-113 所示。

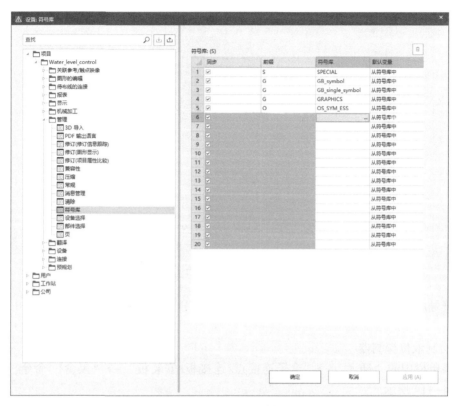

图 4-111　符号库对话框

图 4-112　"选择符号库"对话框

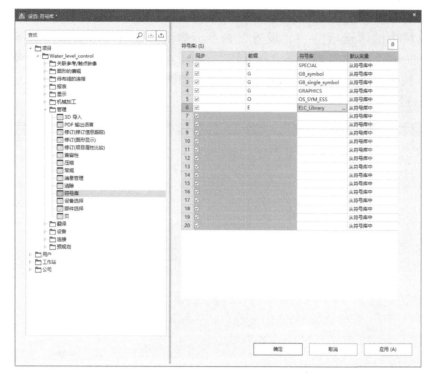

图 4-113   加载符号库

完成符号库加载后，单击"应用"按钮，更新符号库主数据。单击"确定"按钮，关闭对话框。

（6）绘制液位探测器

选择菜单栏中的"插入"→"盒子连接点/连接板/安装板"→"黑盒"命令，插入黑盒 U1，如图 4-114 所示。

选择菜单栏中的"插入"→"盒子连接点/连接板/安装板"→"设备连接点"命令，在黑盒内单击插入设备连接点 1、2、3，如图 4-115 所示。

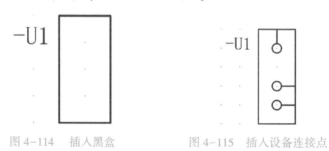

图 4-114   插入黑盒   图 4-115   插入设备连接点

单击功能区"编辑"选项卡下"组合"面板中的"组合"按钮▥，将黑盒与设备连接点对象组合成一个整体。

5. 绘制负载线路

（1）插入晶体管

1）在原理图编辑环境中，选择菜单栏中的"插入"→"符号"命令，弹出"符号选择"对话框，在新建的符号库显示新建的晶体管符号，如图 4-116 所示。

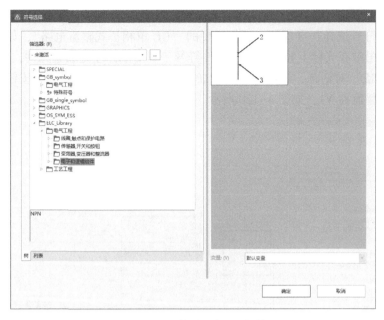

图 4-116　"符号选择"对话框

　　2）完成元件选择后，单击"确定"按钮，原理图中在光标上显示浮动的元件符号，选择需要放置的位置，单击鼠标左键，在原理图中放置元件，自动弹出"属性（元件）：常规设备"对话框，输入设备标识符"Q1"，在"技术参数"文本框内输入"3AX31"，如图 4-117 所示。

　　单击"确定"按钮，关闭对话框，将该符号插入到图纸中的适当位置，如图 4-118 所示。

图 4-117　"属性（元件）：常规设备"对话框

图 4-118　插入元件

（2）插入整流器

在弹出的"符号选择"导航器，选择需要的"GL单相桥式整流电路"，如图4-119所示。双击元件，原理图中在光标上显示浮动的元件符号，单击鼠标左键放置元件，自动弹出"属性（元件）：常规设备"对话框，默认整流器设备标示符V1，单击"确定"按钮，关闭对话框，在原理图中放置整流器V1，如图4-120所示。

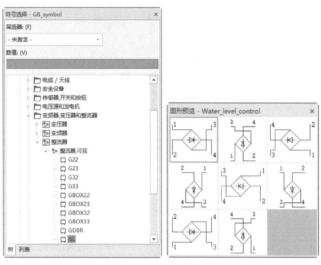
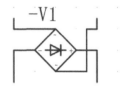

图4-119 "符号选择"导航器   图4-120 放置电机元件

（3）插入电子元件

在弹出的"符号选择"导航器，选择"电子和逻辑组件"，在"图形预览"中显示整个选项组下的元件符号，选择电容、电阻、二极管，如图4-121所示。

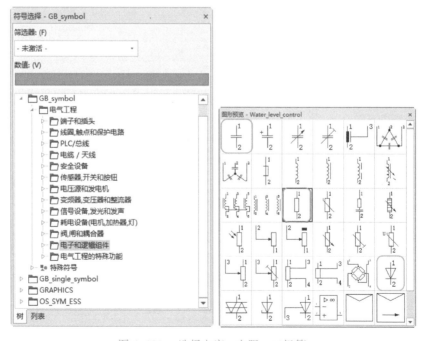

图4-121 选择电容、电阻、二极管

双击元件，在原理图中放置电子元件，利用复制粘贴命令，复制控制电路中的线圈与常闭触点 KM，在负载电路中修改为 K，结果如图 4-122 所示。

1) 连接电路。选择菜单栏中的"插入"→"连接符号"→"角"命令、"T 节点"，根据图纸要求进行元件布局，连接原理图，如图 4-123 所示。

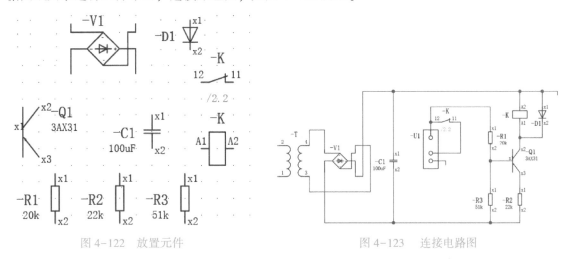

图 4-122　放置元件　　　　　　　　　图 4-123　连接电路图

2) 选择菜单栏中的"插入"→"符号"命令，弹出"符号选择"对话框，选择"电气工程的特殊功能"中的"MASSE 接地，连机壳"，如图 4-124 所示。

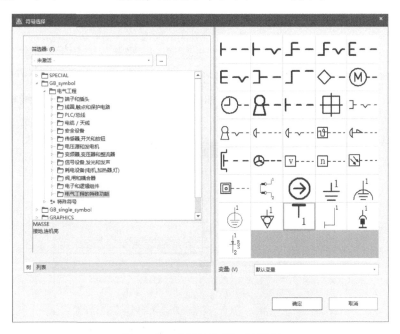

图 4-124　"符号选择"对话框

3) 完成元件选择后，单击"确定"按钮，在原理图中放置接地符号，如图 4-125 所示。

（4）绘制水箱

1) 绘制折线。单击"插入"选项卡的"图形"面板中的"折线"按钮，光标变成交叉形状并附带折线符号，单击鼠标左键确定折线的起点，多次单击确定多个固定点，单击空格键完成当前折线的绘制，绘制结果如图 4-126 所示。

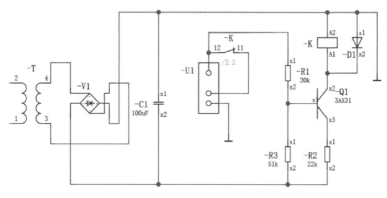

图 4-125　放置接地符号

2）绘制直线。单击"插入"选项卡的"图形"面板中的"直线"按钮▨，打开"栅格"
模式，捕捉水桶两侧，绘制水平直线，结果如图 4-127 所示。

图 4-126　绘制折线

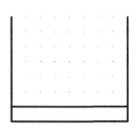

图 4-127　绘制直线

3）修改直线样式。双击直线，弹出"属性（直线）"对话框，在"线型"选项下选择虚
线，"式样长度"选项下选择"8.00 mm"，如图 4-128 所示。修改后的直线样式如图 4-129
所示。

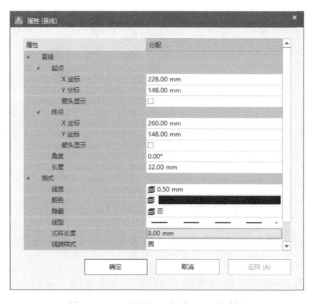

图 4-128　"属性（直线）"对话框

4）复制多段虚线。单击“编辑”选项卡的“图形”面板中的“多重复制”按钮，向外拖动虚线，捕捉上方栅格点，单击确定第一个复制对象位置后，系统将弹出“多重复制”对话框。在“数量”文本框中输入5，单击“确定”按钮，关闭对话框，复制多段虚线结果如图 4-130 所示。

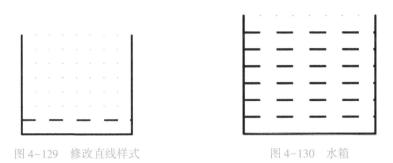

图 4-129 修改直线样式   图 4-130 水箱

5）单击功能区“编辑”选项卡下“组合”面板中的“组合”按钮，将黑盒与设备连接点对象组合成一个整体。

6）单击“编辑”选项卡的“图形”面板中的“I移动”按钮，将水桶移动到液位测试器上，结果如图 4-131 所示。

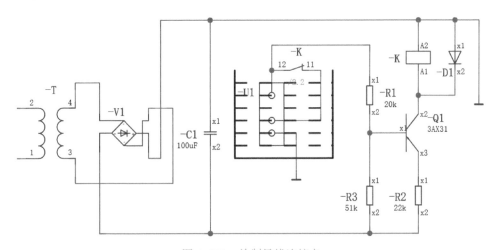

图 4-131 绘制导线连接点

（5）添加文字和注释

单击“插入”选项卡的“图形”面板中的“文本”按钮 T，在目标位置添加注释文字，如图 4-132 所示。

单击“插入”选项卡的“图形”面板中的“路径功能文本”按钮，在目标位置添加电压值，如图 4-83 所示，完成水位控制电路图的绘制。

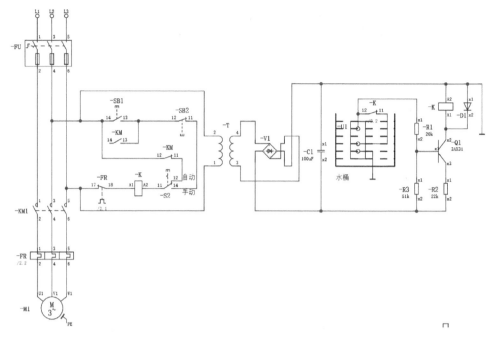

图 4-132　添加注释文字

第 5 章 电力电气工程图设计

电力系统由发电厂、变电所、线路和用户组成。变电所和输电线路是联系发电厂和用户的中间环节，起着变换和分配电能的作用。变电工程图的种类很多，包括主接线图、二次接线图、变电所平面布置图、变电所断面图、高压开关柜原理图及布置图等，每种情况各不相同。

本章主要介绍电力工程设计图的绘制方法。通过本章的学习，读者需掌握利用 EPLAN 进行电力工程设计图绘制的方法和技巧。

实例 25 10 kV 变电站主接线图

本例绘制的 10 kV 变电站主接线图如图 5-1 所示。

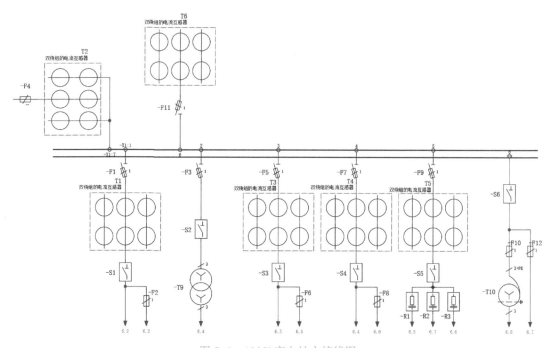

图 5-1 10 kV 变电站主接线图

思路分析

首先根据项目结构划分图纸，创建不同层次的图纸项目，在对应的图纸中插入各主要电气设备；根据图纸布局，确定各主要部件在图中的位置；把电气设备符号插入到对应的位置，最后添加注释和尺寸标注，完成图形的绘制。

知识要点

🥢 "新建页"命令

🥢 "母线连接点"命令

 绘制步骤

实例 25-1

1. 设置绘图环境

（1）创建项目

选择菜单栏中的"项目"→"新建"命令，弹出"创建项目"对话框，在"项目名称"文本框下输入创建新的项目名称"Substation_Power"，在"默认位置"文本框下选择项目文件的路径，在"基本项目"下拉列表中选择带 IEC 标准标识结构的基本项目：带有高层代号和位置代号以及文档类型的页结构"IEC_bas003.zw9"。

单击"确定"按钮，在"页"导航器中显示新项目"Substation_Power.elk"，删除该项目下根据模板创建标题页"1 首页"，如图 5-2 所示。

（2）创建结构标识符

选择菜单栏中的"项目数据"→"结构标识符管理"命令，弹出"结构标识符管理"对话框。选择"高层代号"，打开"树"选项卡，选中"空标识符"，单击"新建"按钮⊞，弹出"新标识符"对话框，在"名称"文本框中输入"B01"，在"结构描述"行输入"变电所"，如图 5-3 所示。

图 5-2　创建新项目

图 5-3　"新标识符"对话框

单击"确定"按钮，在"高层代号"中添加"B01（变电所）"。使用同样的方法，"高层代号"中添加 P01（变电站）、S01（输电工程），如图 5-4 所示。

图 5-4　"高层代号"选项卡

选择"位置代号"，单击"新建"按钮⊞，创建位置代号标示符，如图 5-5 所示。单击"确定"按钮，关闭对话框。

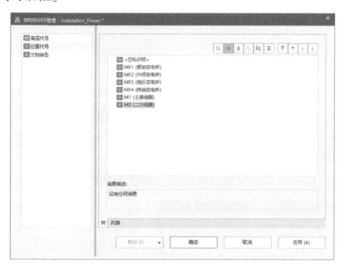

图 5-5　"位置代号"选项卡

（3）创建图纸页

1）在"页"导航器中选中项目名称，选择菜单栏中的"页"→"新建"命令，弹出"新建页"对话框。显示创建的图纸页完整页名为"/1"。

2）在"完整页名"文本框右侧单击"…"按钮，弹出"完整页名"对话框，如图 5-6 所示。在"高层代号"右侧单击"…"按钮，弹出"高层代号"对话框，选择定义的高层代号的结构标示符"B01（变电所）"，如图 5-7 所示。

3）单击"确定"按钮，关闭对话框。"完整页名"对话框中高层代号标示符修改结果如图 5-8 所示。

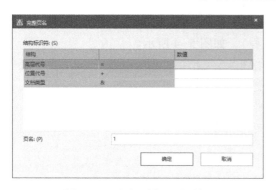

图 5-6 "完整页名"对话框

图 5-7 "高层代号"对话框

使用同样的方法,在"完整页名"对话框"位置代号"行修改位置代号标示符,在"页名"行输入 1,结果如图 5-9 所示。

图 5-8 修改高层代号标示符

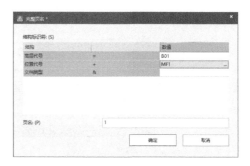

图 5-9 修改位置代号标示符

单击"确定"按钮,关闭"完整页名"对话框,返回"新建页"对话框,默认"页类型"为"单线原理图(交互式)","页描述"输入"接线图",如图 5-10 所示。

单击"应用"按钮,在"页"导航器中创建图纸页"=B01+MF1/1"接线图。此时,下一张图纸页"完整页名"为"=B01+MF1/2"。

使用同样的方法,选择高层代号与位置代号,创建不同的图纸页,结果如图 5-11 所示。

图 5-10 创建图页 1

图 5-11 新建图页文件

双击"=P01+M1/5",进入原理图编辑环境,绘制 10kV 变电站电气主接线图。

（4）加载符号库

选择菜单栏中的"插入"→"符号"命令，弹出"符号选择"对话框，在空白处单击鼠标右键，选择"设置"命令，弹出"设置：符号库"对话框，单击"…"按钮，弹出"选择符号库"对话框，选择"ELC Library"，单击"打开"按钮，加载符号库 ELC Library。单击"确定"按钮，关闭对话框，返回"符号选择"对话框，显示加载的符号库，如图 5-12 所示。

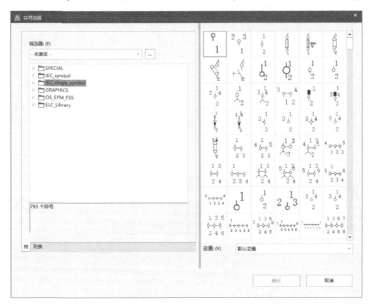

图 5-12　添加符号库

2. 绘制主变支路

（1）插入电流互感器

选择菜单栏中的"插入"→"符号"命令，弹出"符号选择"对话框，加载符号库 ELC Library。选择电流互感器，如图 5-13 所示。单击"确定"按钮，单击鼠标左键，在原理图中放置两个电流互感器，作为双绕组的电流互感器，结果如图 5-14 所示。

实例 25-2

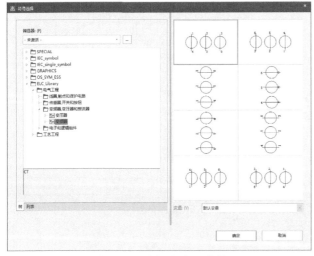

图 5-13　选择电流互感器

图 5-14　双绕组的电流互感器

（2）插入其余元件

选择菜单栏中的"插入"→"符号"命令，弹出如图 5-15 所示的"符号选择"对话框，选择下面的元件。

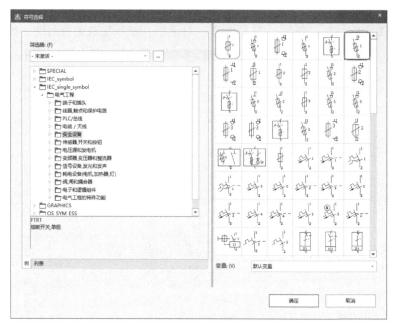

图 5-15 选择熔断开关与熔断器

- 在"电气工程→安全设备"中选择"FTR1 熔断开关单极"。
- 在"电气工程→安全设备"中选择"F1 熔断器，单极，常规"。
- 在"电气工程→传感器，开关和按钮"中选择"QTR1 隔离开关，单极"，如图 5-16 所示。

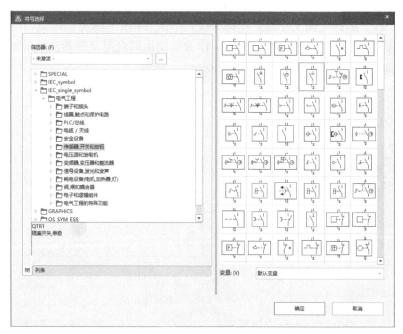

图 5-16 选择隔离开关

元件放置结果如图 5-17 所示。

（3）连接电路

选择菜单栏中的"插入"→"连接符号"→"中断点"命令，根据图纸要求添加中断点，如图 5-18 所示。

选择菜单栏中的"插入"→"连接符号"→"角"、"T 节点"命令，根据图纸要求连接原理图，如图 5-19 所示。

（4）绘制 10 kV 母线

选择菜单栏中的"插入"→"盒子连接点/连接板/安装板"→"母线连接点"命令，按〈Tab〉键，旋转母线连接点连接符号，变换母线连接点连接模式。单击鼠标左键确定插入母线连接点，如图 5-20 所示。

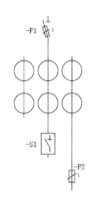 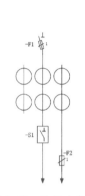 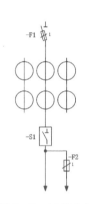 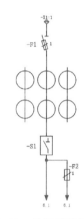

图 5-17　元件放置结果　　　图 5-18　放置中断点　　　图 5-19　连接电路　　　图 5-20　放置母线连接点

（5）绘制母线

选择菜单栏中的"插入"→"图形"→"直线"命令，绘制两条母线，如图 5-21 所示。

图 5-21　绘制母线

3. 组合电路模块

（1）复制主变电路

单击"编辑"选项卡的"图形"面板中的"多重复制"按钮Ⅲ，向外拖动元件，确定复制的元件方向与间隔，单击确定第一个复制对象位置后，系统将弹出如图 5-22 所示的"多重复制"对话框。

实例 25-3

在"多重复制"对话框中，在"数量"文本框中输入 5，单击"确定"按钮，弹出"插入模式"对话框，选择"编号"选项，如图 5-23 所示。单击"确定"按钮，关闭对话框，复制电路如图 5-24 所示

图 5-22 "多重复制"对话框　　　　图 5-23 "插入模式"对话框

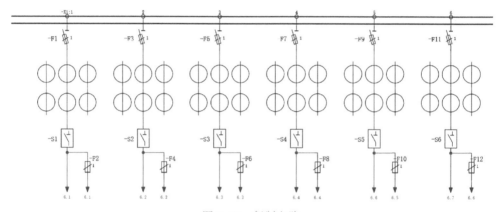

图 5-24 复制电路

（2）绘制结构盒

单击"插入"选项卡"设备"面板中的"结构盒"按钮 ▦，在电流互感器外侧绘制适当大小结构盒，表示双绕组的电流互感器，结果如图 5-25 所示。

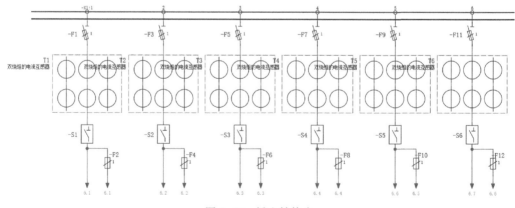

图 5-25 插入结构盒

（3）镜像元件

单击功能区"编辑"选项卡"图形"面板"移动"按钮 ▦ 和"镜像"按钮 ▲，移动双绕

组的电流互感器 T6，以母线为镜像线镜像熔断开关 F11，结果如图 5-26 所示。

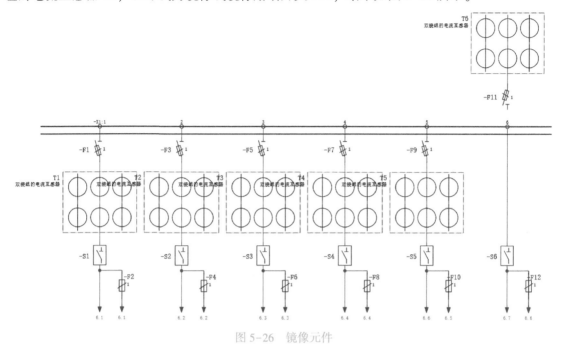

图 5-26　镜像元件

（4）旋转元件

切换选择双绕组的电流互感器 T2 和跌落式熔断器 F4 的变量模式，旋转元件，结果如图 5-27 所示。

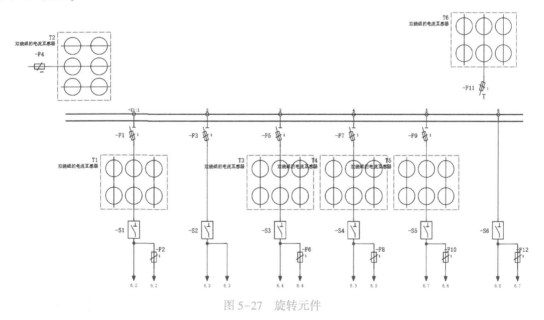

图 5-27　旋转元件

利用"角"命令、"连接分线器"命令、"移动属性文本"整理电路图，结果如图 5-28 所示。

（5）插入电阻电容

选择菜单栏中的"插入"→"符号"命令，弹出"符号选择"对话框，在"电子和逻辑组件"中选择"RCK RC 网络"，将电阻符号和电容器符号组成的 RC 网络插入到图中，添加

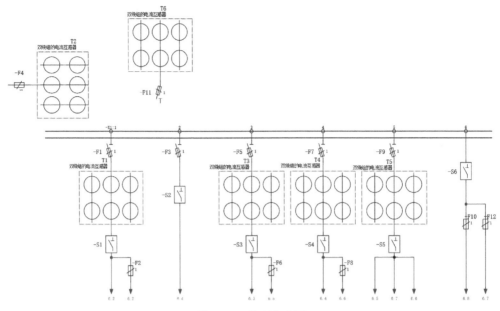

图 5-28　整理电路图

R1、R2、R3，如图 5-29 所示。

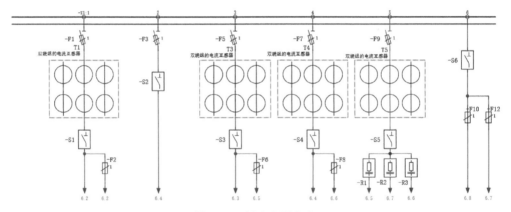

图 5-29　插入电阻电容

（6）插入"站用变压器"

选择菜单栏中的"插入"→"符号"命令，弹出"符号选择"对话框，在"变频器，变压器和整流器"中选择"TS3STST 三相变压器，星形-星形连接"，添加站用变压器 T9，如图 5-30 所示。

（7）插入"电压互感器"

选择菜单栏中的"插入"→"符号"命令，弹出"符号选择"对话框，在"变频器，变压器和整流器"中选择"SPTS3ST 自动变压器，3 相+PE，星型连接"，添加电压互感器 T10，结果如图 5-31 所示。

选择菜单栏中的"插入"→"盒子连接点/连接板/安装板"→"母线连接点"命令，按〈Tab〉键，旋转母线连接点连接符号，变换母线连接点连接模式。单击鼠标左键确定插入母线连接点，如图 5-32 所示。

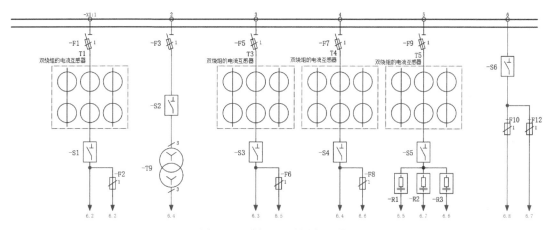

图 5-30　插入"站用变压器"

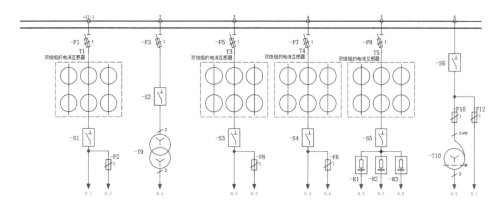

图 5-31　插入"电压互感器"

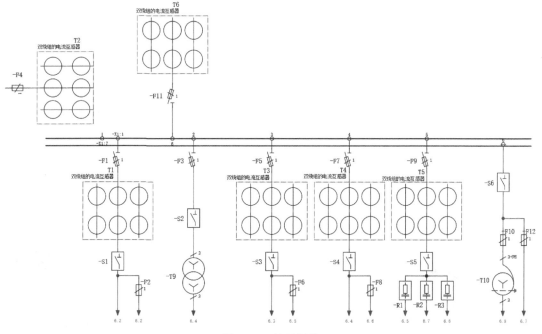

图 5-32　放置母线

（8）连接电路

选择菜单栏中的"插入"→"连接符号"→"角"命令、"T 节点"命令，根据图纸要求连接原理图，如图 5-1 所示。

实例 26　110 kV 变电站主接线图

本例绘制的 110 kV 变电站电气主接线图如图 5-33 所示：

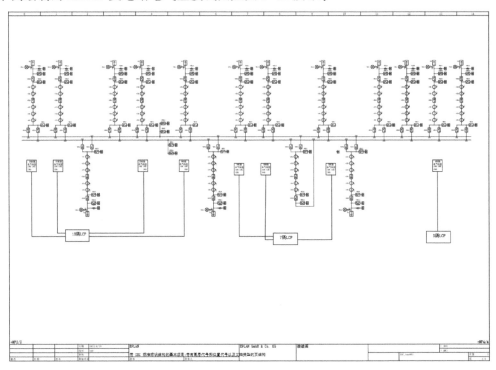

图 5-33　变电站主接线图

思路分析

首先根据图纸划分电路模块，确定各主要部件在图中的位置，然后分别插入各种电气符号，最后把电气符号插入到图的相应位置绘制电路模块，将绘制好的模块插入到图纸中，完成电路图的绘制。

知识要点

🥄 "黑盒"命令
🥄 "导出"命令

绘制步骤

1. 设置绘图环境

实例 26-1

1）选择菜单栏中的"项目"→"打开"命令，系统会"打开项目"对话框，打开项目文件"Substation_Power. elk"。

地区变电所高压侧电压一般为 110~220 kV，是对地区用户供电为主的变电站。在"页"导航器中选择"=B01+MF3/3"双击进入原理图编辑环境，绘制 110 kV 变电电气主接线图。

2）选择图框模板。在"页"导航器中选择"=B01+MF3/3"，单击鼠标右键，选择"属性"命令，弹出"页属性"对话框，如图 5-34 所示，在"图框名称"栏下拉列表中选择"浏览"命令，弹出"选择图框"对话框，选择"FN1_010.fn1"，如图 5-35 所示。单击"打开"按钮，在"图框名称"栏加载图框，如图 5-36 所示。

图 5-34　"页属性"对话框　　　　图 5-35　"选择图框"对话框

2. 绘制电气元件

（1）绘制 BSG 电机

1）绘制黑盒。单击"插入"选项卡的"设备"面板中的"黑盒"按钮，单击确定黑盒的角点，再次单击确定另一个角点，确定插入黑盒 G1，如图 5-37 所示。按右键"取消操作"命令或〈Esc〉键即可退出该操作。

2）插入设备连接点。单击"插入"选项卡的"设备"面板中的"设备连接点"按钮，将光标移动到黑盒边框上，移动光标，单击鼠标左键确定连接点的位置，弹出"属性（全局）：常规设备"对话框，进行下面的设置：

打开"设备连接点"选项卡，在"连接点代号"栏输入空，

图 5-36　加载图框

打开"符号数据/功能数据"选项卡，单击"编号/名称"栏右侧的"…"按钮，在弹出的对话框中选择"DCPNG 设备连接点（隐藏）"，如图 5-38 所示。

单击"确定"按钮，关闭对话框，插入设备连接点，结果如图 5-39 所示。

3）插入符号。选择菜单栏中的"插入"→"符号"命令，弹出"符号选择"对话框，在 IEC_single_symbol 符号库中选择符号，如图 5-40 所示。单击"确定"按钮，在光标上显示浮动的元件符号，单击鼠标左键，在黑盒内放置符号，结果如图 5-41 所示。

实例 26-2

4）组合图形。选择整个图形，单击"编辑"选项卡"组合"面板中的"组合"按钮，将元件与图形符号变为一个整体图符。

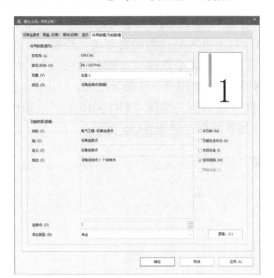

图 5-37 插入黑盒　　　　　图 5-38 "符号数据/功能数据"选项卡　　　　图 5-39 插入设备连接点

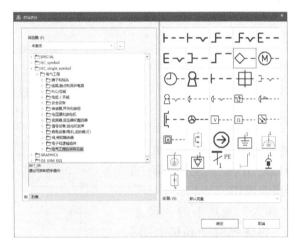

图 5-40 "符号选择"对话框　　　　　图 5-41 插入符号

（2）绘制电压互感器符号

1）选择菜单栏中的"插入"→"符号"命令，弹出"符号选择"对话框，在"电气工程→变频器，变压器和整流器"中选择"LSW3B 电流互感器（3 路径），2 连接点"，单击"确定"按钮，在原理图中单击鼠标左键放置电流互感器 VD11，如图 5-42 所示。

图 5-42 放置元件符号

2）选择菜单栏中的"插入"→"图形"→"直线"命令，绘制两条过圆心的水平、竖直直线，设置直线线宽为 0.35，颜色为蓝色，如图 5-43 所示。

3）单击功能区"编辑"选项卡下"图形"面板"旋转"按钮🖱️，将上面绘制的直线绕圆心旋转 45°，结果如图 5-44 所示。

4）组合图形。选择整个图形，单击"编辑"选项卡"组合"面板中的"组合"按钮📇，将元件与图形符号变为一个整体图符。

（3）绘制手动接地刀闸符号

1）选择菜单栏中的"插入"→"符号"命令，弹出"符号选择"对话框，选择在"电气工程→变频器，变压器和整流器"中选择"QTR1 隔离开关，单极"，放置接地刀闸 FES11，如图 5-45 所示。

2）选择菜单栏中的"插入"→"图形"→"直线"命令，绘制接地刀闸上斜线，设置起点显示箭头，线宽为 0.35，颜色为蓝色，结果如图 5-46 所示。

3）组合图形。选择整个图形，单击"编辑"选项卡"组合"面板中的"组合"按钮，将元件与图形符号变为一个整体图符。

图 5-43　绘制直线　　　图 5-44　旋转直线　　　图 5-45　插入接地　　图 5-46　绘制直线
　　　　　　　　　　　　　　　　　　　　　　　　　　　刀闸符号

3. 绘制主变电路模块

（1）插入电流互感器

1）选择菜单栏中的"插入"→"符号"命令，弹出如图 5-47 所示的"符号选择"对话框，在"电气工程→变频器，变压器和整流器"中选择"LSW1A 电流互感器（1 路径），4 连接点"，单击"确定"按钮，在原理图中单击鼠标左键放置电流互感器。

实例 26-3

2）放置元件的同时自动弹出"属性（元件）：常规设备"对话框，在"显示设备标识符"栏输入"CT1"，单击"确定"按钮，关闭对话框。继续放置电流互感器 CT2、CT3、CT4、CT5，结果如图 5-48 所示。

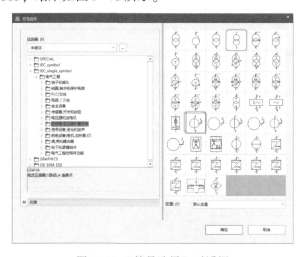

图 5-47　"符号选择"对话框　　　　　　　图 5-48　显示放置的元件

💬 **注意**

电流互感器包括两种样式，如图 5-49 所示，样式 1 只适用于单线图。

（2）插入其余元件

1）选择菜单栏中的"插入"→"符号"命令，弹出

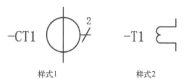

样式1　　　　　　　样式2

图 5-49　电流互感器符号

"符号选择"对话框，选择下面的元件，结果如图 5-50 所示。

2）在"电气工程→变频器，变压器和整流器"中选择如图 5-50 所示的"QTR1 隔离开关，单极"，放置插入隔离开关 DS11、DS12、DS13 与插入接地刀闸 ES12、ES11。

3）在"电气工程→变频器，变压器和整流器"中选择如图 5-50 所示的"QLS1 常开触点，断路器"，放置断路器开关 CB11。

4）在"电气工程→安全设备→避雷器"中选择如图 5-51 所示的"USP 避雷器"，放置避雷器 LA11，元件放置结果如图 5-52 所示。

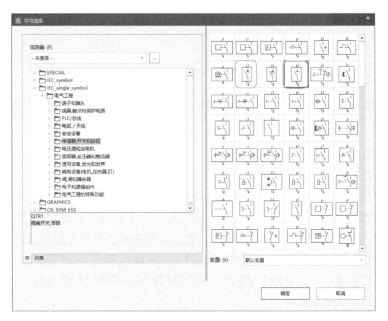

图 5-50　选择隔离开关与断路器开关

图 5-51　选择避雷器

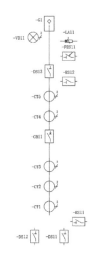

图 5-52　元件放置结果

5）连接电路。选择菜单栏中的"插入"→"连接符号"→"角"命令、"T 节点"命令，根据图纸要求连接原理图，如图 5-53 所示。

选择菜单栏中的"插入"→"符号"命令,弹出"符号选择"对话框,在"电气工程的特殊功能"中选择接地符号"ERDE"、"MASSE",在原理图中插入接地,结果如图 5-54 所示。

选择菜单栏中的"插入"→"母线连接点"命令,单击鼠标左键放置母线连接点,结果如图 5-55 所示。

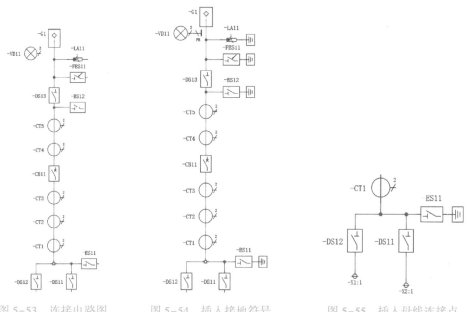

图 5-53　连接电路图　　　图 5-54　插入接地符号　　　图 5-55　插入母线连接点

选择菜单栏中的"页"→"导出"→"DXF/DWG"命令,弹出"DXF/DWG 导出"对话框,如图 5-56 所示,在"输出目录"中选择文件路径,在"文件名"中输入 DWF 文件名称,单击"确定"按钮,导出"Substation Power. dwf",如图 5-57 所示。

图 5-56　"DXF/DWG 导出"对话框

4. 组合电路模块

1) 复制主变电路。单击"编辑"选项卡的"图形"面板中的"多重复制"按钮🔤,向左拖动元件,单击确定第一个复制对象位置,系统将弹出"多重复制"对话框。在"数量"文本框中输入 15,单击"确定"按钮,弹出"插入模式"对话框,选择"不更改"选项,单击"确定"按钮,关闭对话框,结果如图 5-58 所示。

实例 26-4

2) 选择菜单栏中的"插入"→"图形"→"直线"命令,绘制两条母线,如图 5-59 所示。

单击功能区"编辑"选项卡"图形"面板"镜像"按钮▲,镜像主变电路,结果如图 5-60 所示。

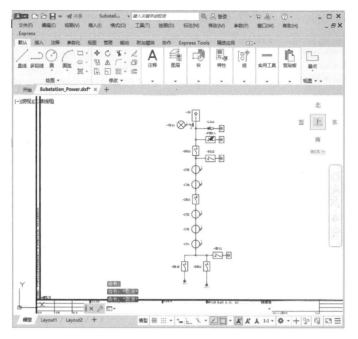

图 5-57　导出 DWF 文件

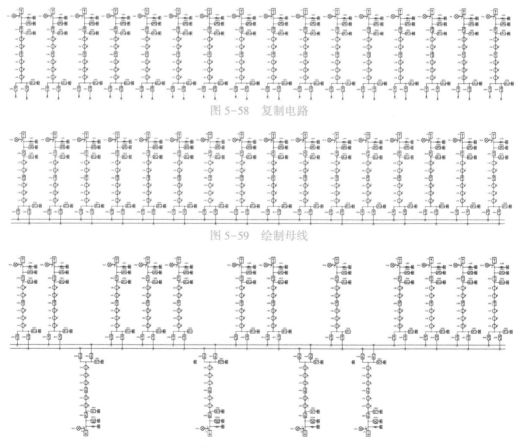

图 5-58　复制电路

图 5-59　绘制母线

图 5-60　镜像电路模块

利用复制、粘贴命令，绘制其他电路模块，如图 5-61 所示，并将其插入到电路中，结果如图 5-62 所示。

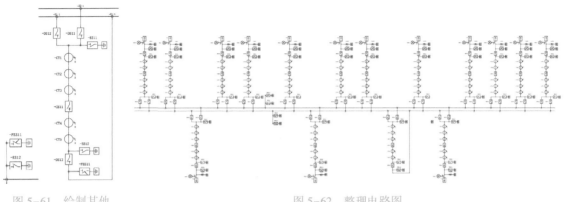

图 5-61　绘制其他
　　　　　电路模块

图 5-62　整理电路图

5. 绘制间隔室图

实例 26-5

间隔室的图绘制相对比较简单，只需要绘制几个矩形，用直线或折线将矩形的相对关系连接起来，然后在矩形的内部用上一步所述的方法添加文字。

1）单击"插入"选项卡的"图形"面板中的"长方形"按钮□，绘制两个大小为（60×28）（24×28）的矩形，如图 5-63 所示。

2）单击"插入"选项卡的"图形"面板中的"折线"按钮，单击鼠标左键确定折线的起点，多次单击确定多个固定点，单击空格键完成当前折线的绘制，绘制结果如图 5-64 所示。

3）单击"插入"选项卡的"图形"面板中的"文本"按钮 T，在长方形内添加文字，结果如图 5-65 所示。

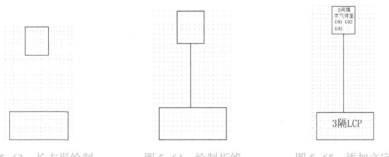

图 5-63　长方形绘制　　　图 5-64　绘制折线　　　图 5-65　添加文字

用同样的方法绘制其他两部分间隔室图，如图 5-66 所示。将这三部分间隔室图插入到主图的适当位置，结果如图 5-67 所示。

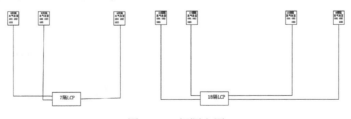

图 5-66　间隔室图

至此，一幅完整的 110 kV 变电所主接线图的工程图绘制完毕。

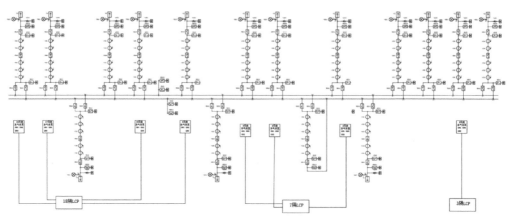

图 5-67   插入间隔室

实例 27   硅整流电容储能式操作电源电路

本例绘制的硅整流电容储能式操作电源电路图如图 5-68 所示。

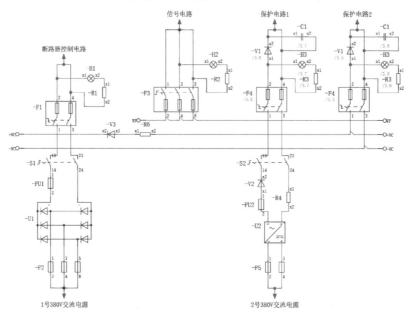

图 5-68   硅整流电容储能式操作电源电路图

思路分析

硅整流电容储能式操作电源是一种应用广泛的直流操作电路，二次电路主要有原理图、展开图和安装接线图三种表现形式。一次电路的交流高压经所用变压器降压得到 380V 的三相交流电压，二次电路主要包括断路器控制电路、信号电路、保护电路和测量电路等，直流操作电源的任务就是为这些电路提供工作电源。

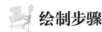 **知识要点**

- "符号选择"命令
- "中断点"命令

绘制步骤

实例 27-1

1. 设置绘图环境

（1）创建项目

选择菜单栏中的"项目"→"新建"命令，弹出"创建项目"对话框，在"项目名称"文本框下输入创建新的项目名称"Silicon_capacitance"，在"默认位置"文本框下选择项目文件的路径，在"基本项目"下拉列表中选择带 GB 标准标识结构的基本项目"GB_bas001.zw9"。

单击"确定"按钮，在"页"导航器中显示创建的新项目"Silicon_capacitance.elk"。

（2）创建图页

在"页"导航器中选中项目名称，选择菜单栏中的"页"→"新建"命令，弹出"新建页"对话框。在该对话框中"完整页名"文本框内默认电路图页名称，在"页类型"下拉列表中选择"多线原理图"（交互式），在"页描述"文本框输入图纸描述"一次电路"，如图 5-69 所示。

单击"应用"按钮，创建原理图页 2。同时在"新建页"对话框中"完整页名"文本框内设置下一张图纸页名称"=CA1+SAA/3"，在"页描述"文本框输入图纸描述"过电流保护原理图"。

单击"应用"按钮，创建原理图页 3。同时在"新建页"对话框中"完整页名"文本框内设置下一张图纸页名称"=CA1+SAA/4"，在"页描述"文本框输入图纸描述"二次电路展开图"。

图 5-69　新建图页文件

单击"应用"按钮，创建原理图页 4。同时在"新建页"对话框中"完整页名"文本框内设置下一张图纸页名称"=CA1+KAA/5"，在"页描述"文本框输入图纸描述"变压器瓦斯保护电路原理图"。

单击"确定"按钮，在"页"导航器中创建原理图页 5，如图 5-69 所示。

2. 绘制一次电路

一次电路包含两相 380 V 交流电源，一路经三相桥式硅整流桥堆 U1 整流后得到直流电压，送到 I 段+WC、-WC 直流小母线；另一路两相 380 V 交流电源经桥式硅整流桥堆 U2 整流后得到直流电压，送到 II 段+WC、-WC 直流小母线。I 段母线上的直流电源送给断路器控制电路，II 段母线上的直流电源分别送到信号电路、保护电路 1 和保护电路 2。

实例 27-2

在"页"导航器中双击原理图页 2，进入"=CA1+EAA/2 一次电路"原理图编辑环境。

3. 绘制控制电路模块

（1）插入隔离开关

选择菜单栏中的"插入"→"符号"命令，弹出"符号选择"对话框，选择隔离开关，如图 5-70 所示。单击"确定"按钮，单击鼠标左键，在原理图中放置隔离开关 F1。

（2）插入其余元件

选择菜单栏中的"插入"→"符号"命令，弹出"符号选择"对话框，选择下面的元件，结果如图 5-71 所示。

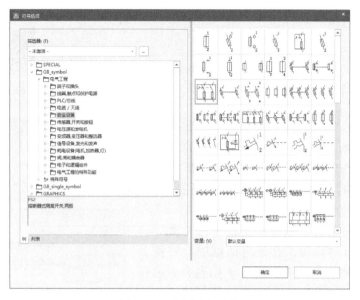

图 5-70　选择隔离开关

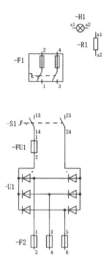

图 5-71　元件放置

- H1：在"电气工程→信号设备，发光和发声"中选择"H 指示灯，常规"。
- R1：在"电气工程→电子和逻辑组件"中选择"电阻，常规"。
- U1：在"电气工程→变频器，变压器和整流器"中选择"GDBR 三相桥式整流电路"。
- F2：在"电气工程→安全设备"中选择"F3 熔断器，三极，常规"。
- FU1：在"电气工程→安全设备"中选择"F1 熔断器，单极，常规"。
- S1：在"电气工程→传感器，开关和按钮"中选择"Q2 旋转开关，二极，常开触点"。

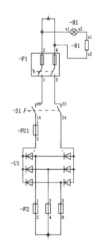

图 5-72　电路连接

（3）连接电路

选择菜单栏中的"插入"→"连接符号"→"角"、"T 节点"、"线路连接器"命令，根据图纸要求连接原理图，如图 5-72 所示。

选择菜单栏中的"插入"→"连接符号"→"中断点"命令，在图纸中单击，弹出"属性（元件）：中断点"对话框，进行下面的设置。

- 打开"中断点"选项卡，在"描述"栏输入"1 号 380 V 交流电"，如图 5-73 所示。
- 打开"显示"选项卡，按等级 按钮，弹出"属性选择"对话框，在搜索栏输入关键字"描述"，单击〈Enter〉键，在搜索结果中选择"中断点：描述"选项，如图 5-74 所示。

单击"确定"按钮，在"属性排列"列表中显示为中断点添加的属性，如图 5-75 所示；

使用同样的方法，继续添加中断点，结果如图 5-76 所示。

图 5-73　"中断点"选项卡

图 5-74　选择属性

图 5-75　添加属性

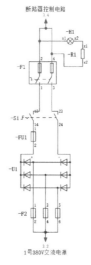

图 5-76　放置中断点

4. 绘制信号电路模块

1) 选择菜单栏中的"插入"→"符号"命令，弹出"符号选择"对话框，在"电气工程→安全设备"中选择"FS3 熔断器式隔离开关，三极"，如图 5-77 所示。单击"确定"按钮，单击鼠标左键，在原理图中放置熔断器隔离开关 F3。

实例 27-3

复制粘贴上面插入的指示灯 H1 与电阻 R1，复制模式选择"编号"，插入指示灯 H2 与电阻 R2，如图 5-78 所示。

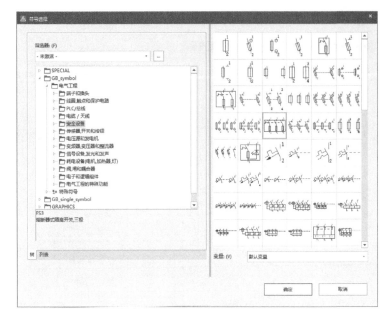

图 5-77 选择隔离开关

2）选择菜单栏中的"插入"→"连接符号"→"角"、"T 节点"、"线路连接器"命令，根据图纸要求连接原理图，如图 5-79 所示。

3）选择菜单栏中的"插入"→"连接符号"→"中断点"命令，在图纸中单击添加中断点，如图 5-80 所示。

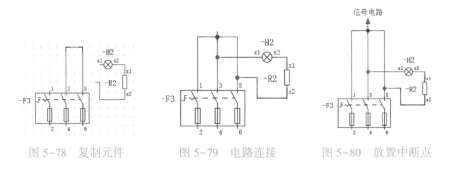

图 5-78 复制元件　　　图 5-79 电路连接　　　图 5-80 放置中断点

🔔 注意

EPLAN 中默认连接为红色，有的元件间连接却变为蓝色。这是因为，在 EPLAN 中，蓝色的连接表示直接连接，实际使用中的热继电器和接触器之间就是通过直接连接连起来的。

5. 绘制保护电路模块

复制粘贴上面绘制的控制电路一次电路，删除不需要的元件，结果如图 5-81 所示。

实例 27-4

选择菜单栏中的"插入"→"符号"命令，弹出"符号选择"对话框，在"电气工程→变频器，变压器"中选择"GBOX22 桥式整流器，二相，次级侧，2 连接点"，如图 5-82 所示。单击"确定"按钮，单击鼠标左键，在原理图中放置二相桥式整流器 U2。

1）插入其余元件。选择菜单栏中的"插入"→"符号"命令，弹出"符号选择"对话框，选择下面的元件，结果如图 5-83 所示。

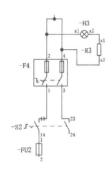

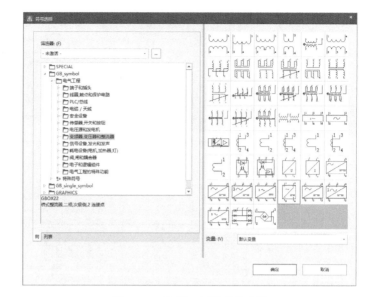

图 5-81　复制电路　　　　　　图 5-82　选择二相桥式整流器

- F5：在"电气工程→安全设备"中选择"F22 熔断器，两极，形式 2"。
- V1、V2：在"电气工程→电子和逻辑组件"中选择"V 半导体二极管，常规"。
- C1：在"电气工程→电子和逻辑组件"中选择"C 电容器，常规"。
- R4：在"电气工程→电子和逻辑组件"中选择"R 电阻，常规"。

2）选择菜单栏中的"插入"→"连接符号"→"角"、"T 节点"命令，根据图纸要求连接原理图，如图 5-84 所示。

选择菜单栏中的"插入"→"连接符号"→"中断点"命令，在图纸中单击添加中断点，如图 5-85 所示。

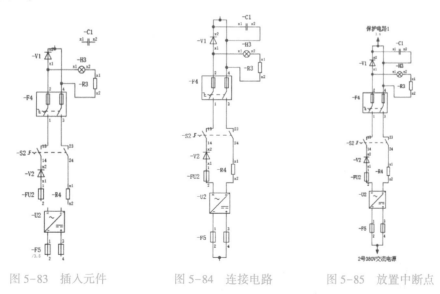

图 5-83　插入元件　　　　图 5-84　连接电路　　　　图 5-85　放置中断点

复制粘贴上面绘制的电路，删除不需要的元件，选择菜单栏中的"插入"→"电位连接点"命令，在图纸中单击添加电位连接点，结果如图 5-86 所示。

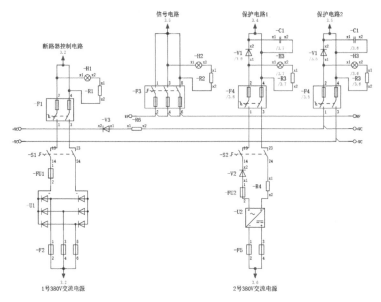

图 5-86　添加电位连接点

选择菜单栏中的"选项"→"设置"命令，弹出"设置"对话框，在"项目→关联参考/触点映像"下取消勾选"显示关联参考"复选框，如图 5-87 所示。在原理图中不显示关联参考/触点映像，结果如图 5-87 所示。

图 5-87　不显示关联参考/触点映像

6. 电流保护二次电路原理图

10 kV 的过电流保护电路工作原理：当负荷侧发生短路故障时，电流互感器二次侧电流迅速增大，使电流继电器 3 及 4 的线圈吸合，其触点闭合，直流电源加到时间继电器 5 的线圈上。经过一定时限后，延时触点闭合，使信号继电器 6 的线圈

实例 27-5

得电而吸合，发出跳闸信号。同时，直流电源经压板 7 将直流电源加到断路器的跳闸线圈 9 上，断路器跳闸。断路器跳闸后常开辅助触点打开，切断跳闸线圈的电流。当被保护的线路故障排除后，电流继电器和时间继电器触点返回到图中的原始位置，信号继电器则需要人工复位。

在"页"导航器中双击原理图页 3，进入"=CA1+SAA/3 过电流保护原理图"原理图编辑环境。

1）插入电流互感器。选择菜单栏中的"插入"→"符号"命令，弹出"符号选择"对话框，在"电气工程→变频器，变压器和整流器"中选择"LSW1A 电流互感器（1 路径），4 连接点"，如图 5-88 所示。单击"确定"按钮，单击鼠标左键，在原理图中放置电流互感器 U、W，如图 5-89 所示。

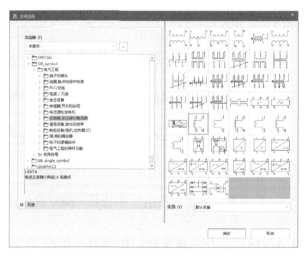
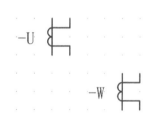

图 5-88 选择电流互感器 　　　　　图 5-89 放置电流互感器

2）插入继电器线圈。选择菜单栏中的"插入"→"符号"命令，弹出"符号选择"对话框，在"电气工程→线圈，触点和保护电路"中选择"K"、"KA2"，如图 5-90 所示。在原理图中放置继电器线圈 KA1、KA2、KT、KS，如图 5-91 所示。

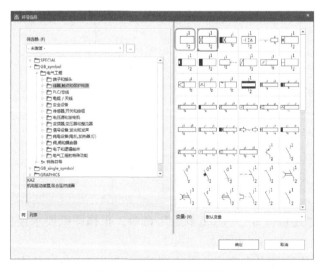
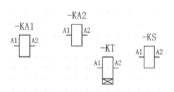

图 5-90 选择继电器线圈 　　　　　图 5-91 放置继电器线圈

3）插入其余元件。选择菜单栏中的"插入"→"符号"命令，弹出"符号选择"对话框，选择下面的元件，结果如图 5-92 所示。

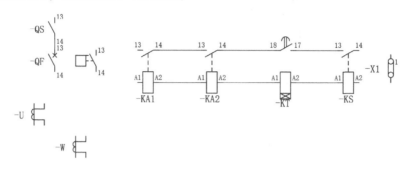

图 5-92　插入元件

- KA 电流继电器开关：在"电气工程→线圈，触点和保护电路"中选择"SMW 常开触点带虚线"。
- KT 时间继电器开关：在"电气工程→线圈，触点和保护电路"中选择"SSV 常开触点闭合延时"。
- KS 信号继电器开关：在"电气工程→线圈，触点和保护电路"中选择"LSW1A 电流互感器（1 路径），4 连接点"。
- 压板：在"电气工程→端子和插头"中选择"XTR1 1"。
- 断路器的跳闸线圈：在"电气工程→传感器，开关和按钮"中选择"BSD 流量开关，常开触点"。
- 断路器开关 QF：在"电气工程→传感器，开关和按钮"中选择"QLS1 常开触点断路器"。
- 开关 QS：在"电气工程→传感器，开关和按钮"中选择"SSMNO 开关，常开触点机械操作"。

4）选择菜单栏中的"插入"→"连接符号"→"角"命令，根据图纸要求连接原理图，如图 5-93 所示。

实例 27-6

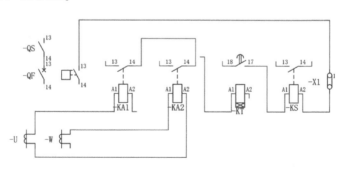

图 5-93　角连接电路

5）选择菜单栏中的"插入"→"连接符号"→"T 节点"命令，根据图纸要求连接原理图，如图 5-94 所示。

选择菜单栏中的"插入"→"电位连接点"命令，单击鼠标左键放置电位连接点，结果如图 5-95 所示。

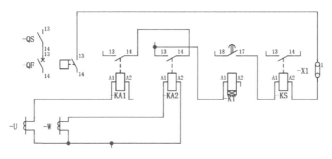

图 5-94　T 节点连接电路

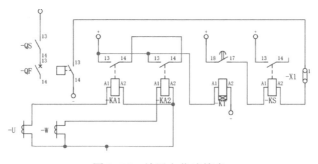

图 5-95　放置电位连接点

选择菜单栏中的"插入"→"连接符号"→"中断点"命令，在图纸中单击添加中断点，如图 5-96 所示。

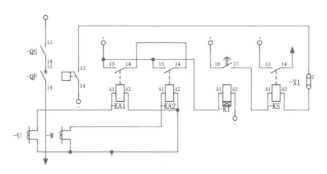

图 5-96　放置中断点

6）选择菜单栏中的"插入"→"符号"命令，弹出"符号选择"对话框，选择"电气工程的特殊功能"中的"MASSE 接地，连机壳"，在原理图中放置接地符号，如图 5-97 所示。

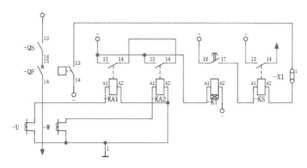

图 5-97　放置接地符号

7) 单击"插入"选项卡的"图形"面板中的"路径功能文本"按钮，弹出"属性（文本）"对话框，参数设置"字号"为"2.50 mm"，输入文字然后再调整其位置，调整位置的时候，结合使用栅格命令，结果如图 5-98 所示。

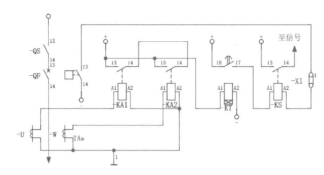

图 5-98　添加功能文本

7. 电流保护二次电路展开图

二次电路的展开图是将二次回路的设备展开图，即把线圈和触头按交流电流回路、交流电压回路和直流回路为单元分开表示。这种分开式回路次序非常清晰明显，因此现场使用极为普遍。

实例 27-7

🔔 **注意**

展开图的绘制一般是将电路分成几部分，如交流电流回路、交流电压回路、直流操作回路和信号回路等，每一部分又分为很多行。交流回路按 L1、L2、L3 的相序，直流回路按继电器的动作顺序自上至下排列。同一回路内的线圈和触头，按电流通过的路径自左向右排列。在每一行中，各元件的线圈和触头是按照实际连接顺序排列的。在每一个回路的右侧配有文字说明。

在"页"导航器中双击原理图页 4，进入"=CA1+SAA/4 二次电路展开图"编辑环境。

复制、粘贴上面绘制的电流保护二次电路，删除多余电路元件与连接线，结果如图 5-99 所示。

1) 选择菜单栏中的"插入"→"符号"命令，弹出"符号选择"对话框，选择"GB_single_symbol→电气工程→变频器，变压器和整流器"中的"LSW1A 电流互感器（1 路径），4 连接点"，在原理图中放置电流互感器符号，结果如图 5-100 所示。

2) 双击元件，弹出属性设置对话框，修改元件 KA1、KA2 的设备标示符与显示符号，复制线圈与常开触点，修改为跳闸线圈 YR、常开触点 KS，结果如图 5-101 所示。

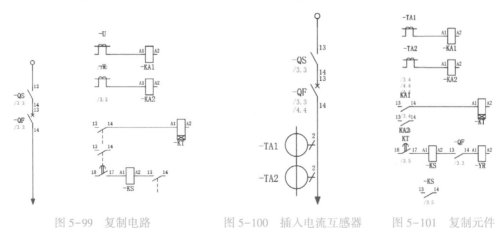

图 5-99　复制电路　　　图 5-100　插入电流互感器　　　图 5-101　复制元件

3）选择菜单栏中的"插入"→"连接符号"→"角"命令，根据图纸要求连接原理图，如图 5-102 所示。

4）选择菜单栏中的"插入"→"连接符号"→"T 节点"命令，根据图纸要求连接原理图，如图 5-103 所示。

5）选择菜单栏中的"插入"→"符号"命令，弹出"符号选择"对话框，选择"电气工程的特殊功能"中的"MASSE 接地，连机壳"，在原理图中放置接地符号，如图 5-104 所示。

选择菜单栏中的"插入"→"连接符号"→"中断点"命令，在图纸中单击添加中断点，如图 5-105 所示。

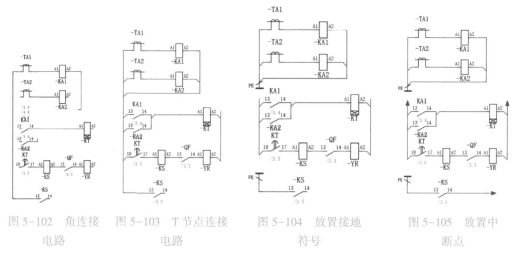

图 5-102　角连接　　图 5-103　T 节点连接　　图 5-104　放置接地　　图 5-105　放置中

　　　电路　　　　　　　　电路　　　　　　　　符号　　　　　　　　断点

6）单击"插入"选项卡的"图形"面板中的"文本"按钮 T，弹出"属性（文本）"对话框，参数设置"字号"为"2.50mm"，结果如图 5-106 所示。

7）单击"插入"选项卡的"图形"面板中的"路径功能文本"按钮，|T| 弹出"属性（文本）"对话框，参数设置"字号"为"2.50mm"，输入文字然后再调整其位置，调整位置的时候，结合使用栅格命令，结果如图 5-107 所示。

实例 27-8

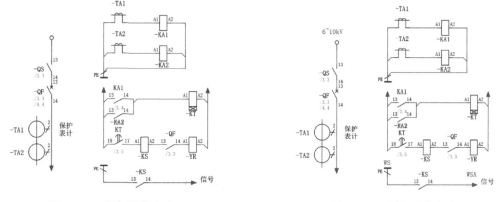

图 5-106　添加注释文本　　　　　　　　图 5-107　添加功能文本

8）单击"插入"选项卡的"图形"面板中的"长方形"按钮 ▨ 和"直线"按钮 T，打开栅格捕捉功能，绘制注释表格，绘制结果如图 5-108 所示。

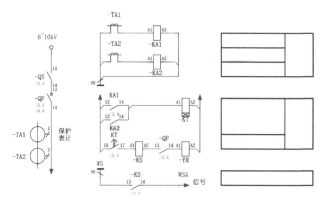

图 5-108　绘制表格

9）单击"插入"选项卡的"图形"面板中的"文本"按钮 T，弹出"属性（文本）"对话框，设置"字号"为"3.50 mm"，在表格中输入回路名称。结果如图 5-109 所示。

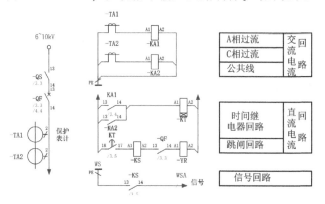

图 5-109　6~10 kV 线路过电流保护二次电路展开图

🔔 注意

输入竖排文本包含两种方法：

方法 1：打开"格式"选项卡，在"位置框"选项下勾选"激活位置框"、"固定文本框宽度"、"移除换行符"复选框，如图 5-110 所示。

方法二：打开"文本"选项卡，在"文本"列表中输入单个文本后，按下"Ctrl+Enter"，文本换行，如图 5-111 所示。

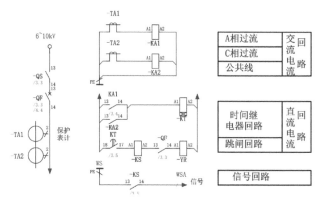

图 5-110　"格式"选项卡

图 5-111　"文本"选项卡

　　图 5-29 所示是与图 5-28 所示 6~10 kV 线路的过电流保护二次电路原理图对应的展开图。图中左侧为示意图，表示主接线及保护装置所连接的电流互感器在一次系统中的位置；右侧为保护回路的展开图，由交流回路、直流操作回路、信号回路 3 部分组成。交流回路由电流互感器的二次绕组供电。电流互感器只装在 L1、L2 两相上，每相分别接入一只电流继电器线圈，然后用一根公共线引回，构成不完全的星形接线。直流操作回路两侧的竖线表示正、负电源，上面两行为时间继电器的启动回路，第三行为跳闸回路。其动作过程为：当被保护的线路发生过电流时，电流继电器 KA1 或 KA2 动作，其常开触点 KA1(1-2)、KA2(1 -2)闭合，接通时间继电器 KT 的线圈回路。时间继电器 KT 动作后，经过整定时限后，延时闭合的常开触点 KT (1-2)闭合，接通跳闸回路。断路器在合闸状态时与主轴联动的常开辅助触头 QF(1-2)是处于闭合位置的。因此在跳闸线圈 YR 中有电流流过时，断路器跳闸。同时，串联于跳闸回路中的信号继电器 KS 动作并掉牌，其在信号回路中的常开触点 KS(1-2)闭合，接通信号小母线 WS 和 WSA。WS 接信号正电源，而 WSA 经过光字牌的信号灯接负电源，光字牌点亮，给出正面标有"掉牌复归"的灯光信号。

实例 28　绘制 HXGN26-12 高压开关柜配电图

　　本例绘制的 HXGN26-12 高压开关柜配电图如图 5-112 所示。

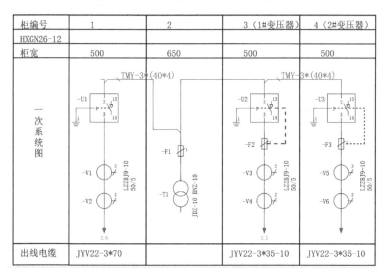

图 5-112　HXGN26-12 高压开关柜配电图

思路分析

　　本例首先绘制各个单元柜上的电路模块，用将各个单元放置到一起并移动连接，最后利用文本命令标注文字。

知识要点

🐌 "多重复制"命令

🐌 "连接定义点"命令

1. 设置绘图环境

（1）创建项目

选择菜单栏中的"项目"→"新建"命令，弹出"创建项目"对话框，在"项目名称"文本框下输入创建新的项目名称"HXGN26-12-Switchgear"，在"默认位置"文本框下选择项目文件的路径，在"基本项目"下拉列表中选择带 GB 标准标识结构的基本项目"GB_bas001.zw9"。

实例 28-1

单击"确定"按钮，在"页"导航器中显示创建的新项目"HXGN26-12-Switchgear.elk"。

（2）创建图页

在"页"导航器中选中项目名称，选择菜单栏中的"页"→"新建"命令，弹出"新建页"对话框。在该对话框中"完整页名"文本框内默认电路图页名称，在"页类型"下拉列表中选择"单线原理图（交互式)"，在"页描述"文本框输入图纸描述"高压开关柜配电图"，如图 5-113 所示。单击"确定"按钮，在"页"导航器中创建原理图页 2，如图 5-114 所示。

2. 绘制 1#开关柜电路

选择菜单栏中的"插入"→"符号"命令，弹出"符号选择"对话框，选择"GB_single_symbol→电气工程→变频器，变压器和整流器"中的"LSW1A 电流互感器（1 路径），4 连接点"，如图 5-115 所示。

图 5-113 "新建页"对话框

图 5-114 新建图页文件

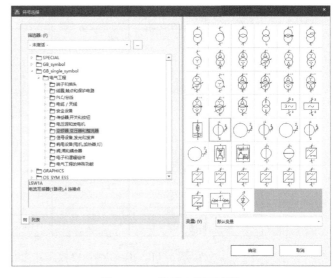

图 5-115 选择电流互感器

单击"确定"按钮，在光标上显示浮动的元件符号，单击鼠标左键在原理图中放置元件，自动弹出"属性（元件）：常规设备"对话框。

打开"变频器"选项卡，在"功能文本"栏中输入"LZZBJ9-10"，在"技术参数"栏输入"50/5"，如图 5-116 所示。

打开"显示"选项卡，选择"技术参数"选项，单击"取消固定"按钮，在"角度"栏选择"90.00°"，在"字号"栏选择"2.50 mm"，如图 5-117 所示，单击"确定"按钮，关闭对话框。在原理图中放置两个电流互感器 V1、V2，如图 5-118 所示。

图 5-116　"变频器"选项卡

图 5-117　"显示"选项卡

在电流互感器上单击鼠标右键，选择"移动"→"移动属性文本"命令，移动电流互感器的功能文本，结果如图 5-119 所示。

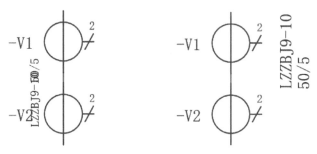

图 5-118　插入元件　　　　　　　　图 5-119　移动文本

3. 绘制负荷隔离开关

1）绘制黑盒。单击"插入"选项卡的"设备"面板中的"黑盒"按钮，单击确定黑盒的角点，再次单击确定另一个角点，确定插入黑盒 U1。按右键"取消操作"命令或〈Esc〉键即可退出该操作。

实例 28-2

2）插入设备连接点。单击"插入"选项卡的"设备"面板中的"设备连接点"按钮，将光标移动到黑盒边框上，移动光标，单击鼠标左键确定连接点的位置，插入输入连接点，自动弹出"属性（元件）：常规设备"对话框，在"连接点代号"文本框输入 1。

打开"符号数据/功能数据"选项卡，在"编号/名称："栏右侧单击"…"按钮，弹出"符号选择"对话框，选择"58/ DCPOL"，单击"确定"按钮，关闭对话框，在"符号数据/功能数据"选项卡中显示修改的设备连接点符号，如图 5-120 所示。

完成参数设置后，单击"确定"按钮，关闭对话框，此时仍处于放置设备连接点状态，使用同样的方法，插入设备连接点 2、3，结果如图 5-121 所示。

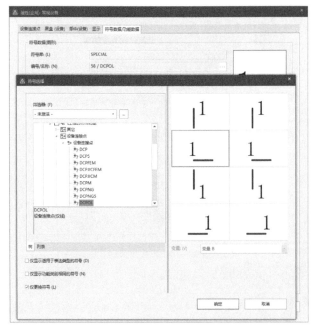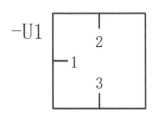

图 5-120　"符号数据/功能数据"选项卡　　　　图 5-121　插入设备连接点

3）插入符号。选择菜单栏中的"插入"→"符号"命令，弹出"符号选择"对话框，选择"GB_symbol→电气工程→传感器，开关和按钮"中的"QLTR1 荷隔离开关，单极"，单击"确定"按钮，单击鼠标左键，在原理图中放置隔离开关 S1，如图 5-122 所示。

单击"插入"选项卡的"图形"面板中的"直线"按钮∠，在负荷开关符号上绘制直线，设置颜色为蓝色，线型为虚线，结果如图 5-123 所示。

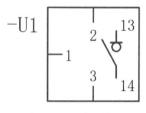
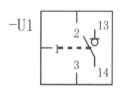

图 5-122　放置符号　　　　　　　图 5-123　绘制直线

4）组合图形。选择整个图形，单击"编辑"选项卡"组合"面板中的"组合"按钮，将绘制的黑盒与元件符号变为一个整体图符，将黑盒插入到原理图中，结果如图 5-124 所示。

5）连接电路。选择菜单栏中的"插入"→"符号"命令，弹出"符号选择"对话框，在"电气工程的特殊功能"中选择接地符号"ERDE"，在原理图中插入接地，结果如图 5-125 所示。

选择菜单栏中的"插入"→"连接符号"→"中断点"命令，在图纸中单击插入中断点，如图 5-126 所示。

选择菜单栏中的"插入"→"连接符号"→"角"、"T 节点"命令，根据图纸要求连接原理图，如图 5-127 所示。

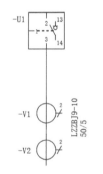
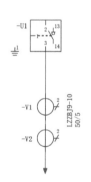
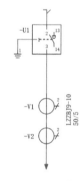

图 5-124　元件放置　　图 5-125　插入接地符号　　图 5-126　插入中断点　　图 5-127　电路连接

4. 绘制 2#开关柜电路

1）选择菜单栏中的"插入"→"符号"命令，弹出"符号选择"对话框，选择"GB_single_symbol→电气工程→变频器，变压器和整流器"中的"TV 电压互感器"，如图 5-128 所示。

实例 28-3

2）单击"确定"按钮，在光标上显示浮动的元件符号，单击鼠标左键在原理图中放置元件，自动弹出"属性（元件）：常规设备"对话框。打开"变压器"选项卡，在"功能文本"栏中输入"JDZ-10 BNZ-10"。

3）打开"显示"选项卡，选择"技术参数"选项，单击"取消固定"按钮，在"角度"栏选择"90.00°"，在"字号"栏选择"2.50 mm"，单击"确定"按钮，关闭对话框。

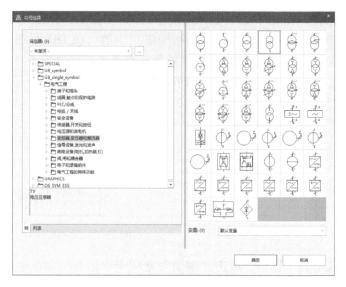

图 5-128 选择电压互感器

在原理图中放置电压互感器 T1。

4）在电流互感器上单击鼠标右键，选择"移动"→"移动属性文本"命令，移动电压互感器的功能文本，结果如图 5-129 所示。

5）插入其余元件。选择菜单栏中的"插入"→"符号"命令，弹出"符号选择"对话框，在"电气工程→安全设备"中选择"F1 熔断器，单极，常规"，插入熔断器，结果如图 5-130 所示。

选择菜单栏中的"插入"→"连接符号"→"角"、"T 节点"命令，根据图纸要求连接原理图，如图 5-131 所示。

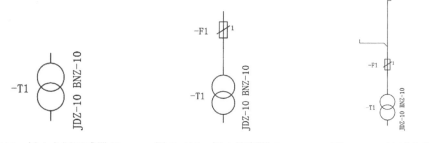

图 5-129 插入电压互感器 T1   图 5-130 插入熔断器 F1   图 5-131 连接电路

5. 绘制变压器电路

1）单击"编辑"选项卡的"图形"面板中的"多重复制"按钮 ▮▮，向外拖动元件，单击确定第一个复制对象位置后，系统将弹出如图 5-132 所示的"多重复制"对话框。

实例 28-4

2）在"多重复制"对话框中，在"数量"文本框中输入 2，单击"确定"按钮，弹出"插入模式"对话框，选择"编号"选项，如图 5-133 所示。单击"确定"按钮，关闭对话框，完成电路的复制，如图 5-134 所示。

图 5-132　"多重复制"对话框　　　图 5-133　"插入模式"对话框

3）插入其余元件。选择菜单栏中的"插入"→"符号"命令，弹出"符号选择"对话框，在"电气工程→安全设备"中选择"F1 熔断器，单极，常规"，插入熔断器 F2、F3，结果如图 5-135 所示。

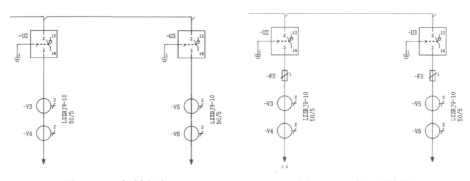

图 5-134　复制电路　　　　　　　图 5-135　插入熔断器

单击"插入"选项卡的"图形"面板中的"直线"按钮，在负荷开关符号上绘制直线，设置颜色为蓝色，线型为虚线，结果如图 5-136 所示。

6. 组合电路单元

1）单击"插入"选项卡的"图形"面板中的"长方形"按钮□和"直线"按钮，打开栅格捕捉功能，绘制注释表格，绘制结果如图 5-137 所示。

实例 28-5

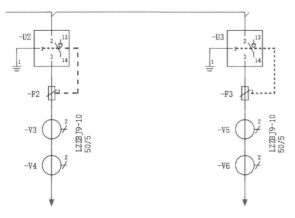

图 5-136　插入图形符号

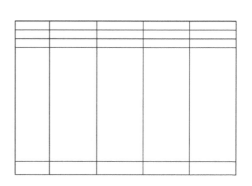

图 5-137　绘制注释表格

　　将前面绘制的电路单元移动到表格中，选择菜单栏中的"插入"→"连接符号"→"角"、"T节点"命令，根据图纸要求连接原理图，结果如图5-138所示。

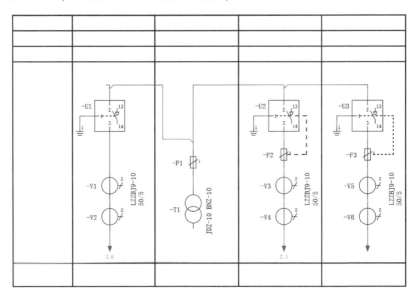

图5-138　移动电路单元

　　2）单击"插入"选项卡的"图形"面板中的"文本"按钮T，弹出"属性（文本）"对话框，设置"字号"为"3.50 mm"，在表格中输入注释内容，结果如图5-139所示。

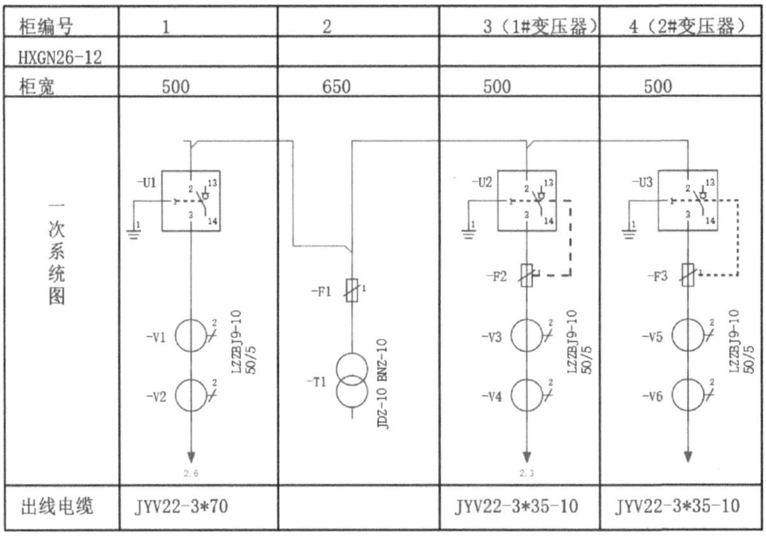

柜编号	1	2	3（1#变压器）	4（2#变压器）
HXGN26-12				
柜宽	500	650	500	500
一次系统图				
出线电缆	JYV22-3*70		JYV22-3*35-10	JYV22-3*35-10

图5-139　注释表格

　　3）插入连接定义点。

　　① 选择菜单栏中的"插入"→"连接定义点"命令，此时光标变成交叉形状并附加一个连接定义点符号，单击鼠标左键确定插入连接定义点，弹出如图5-140所示的连接定义点属性设置对话框，在"截面积/直径"中输入"TMY-3*(40*4)"。

　　② 打开"符号数据/功能数据"选项卡，在"编号/名称："栏右侧单击"…"按钮，弹

出"符号选择"对话框，选择"308 / CDP"，单击"确定"按钮，关闭对话框，在"符号数据/功能数据"选项卡中显示修改的连接定义点符号。

③ 单击"确定"按钮，关闭对话框，此时仍处于放置连接定义点状态，重复上述操作可以继续插入其他的连接定义点。连接定义点插入完毕，按右键"取消操作"命令或〈Esc〉键即可退出该操作。最终结果如图 5-112 所示。

图 5-140　连接定义点属性设置对话框

第6章　建筑电气工程图设计

本章主要介绍建筑电气工程图的绘制，包括建筑电气平面图和建筑电气系统图等。通过本章的学习，读者需掌握利用 EPLAN 进行建筑电气设计的方法和技巧。

实例 29　室内照明控制电路

实例 29

绘制如图 6-1 所示的典型室内照明控制电路。

思路分析

该电路主要由断路器 QF、双控开关 SA1、SA2、双控联动开关 SA3 及照明灯 EL 组成。上述室内照明控制电路通过两只双控开关和一只双控联动开关的闭合和断开，可实现三地控制一盏照明灯，常用于对家居卧室中照明灯进行控制，一般可在床头两边各安一只开关，在进入房间门处安装一只，实现三处

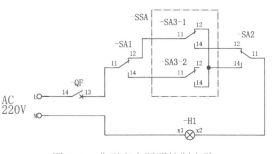

图 6-1　典型室内照明控制电路

都可对卧室照明灯进行点亮和熄灭控制。合上供电线路中的断路器 QF，接通 220 V 电源，照明灯未点亮时，按下任意开关都可点亮照明灯。

使用面对图形的设计方法，首先在原理图中插入符号，再利用结构盒连接原理图，最后根据需要插入位置盒，以增加图纸的可读性。

知识要点

- "符号"命令
- "位置盒"命令

绘制步骤

1. 设置绘图环境

（1）创建项目

选择菜单栏中的"项目"→"新建"命令，弹出"创建项目"对话框，在"项目名称"文本框下输入创建新的项目名称"Interior lighting"，在"默认位置"文本框下选择项目文件的路径，在"基本项目"下拉列表中选择带 IEC 标准标识结构的基本项目"IEC_bas001. zw9"。

单击"确定"按钮，在"页"导航器中显示创建的新项目"Interior lighting. elk"。

（2）图页的创建

在"页"导航器中选中项目名称，选择菜单栏中的"页"→"新建"命令，弹出"新建页"对话框。在"页类型"下拉列表中选择"多线原理图（交互式）"，"页描述"文本框输入图纸描述"室内照明控制电路"，如图 6-2 所示。单击"确定"按钮，在"页"导航器中创建原理图页 2，如图 6-3 所示。

图 6-2　"新建页"对话框　　　　　图 6-3　新建图页文件

2. 插入电气元件

（1）插入断路器

选择菜单栏中的"插入"→"符号"命令，弹出如图 6-4 所示的"符号选择"对话框，在"电气工程→传感器，开关和按钮"中选择"QLS1 常开触点断路器"，单击"确定"按钮，单击鼠标左键放置断路器常开触点。

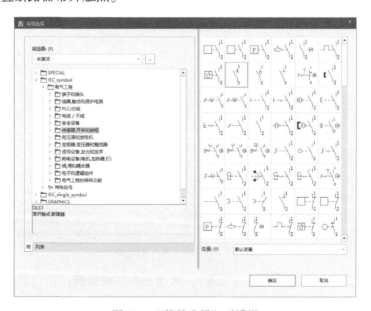

图 6-4　"符号选择"对话框

放置元件的同时自动弹出"属性（元件）：常规设备"对话框，如图 6-5 所示。在"显示设备标识符"栏输入"QF"，单击"确定"按钮，关闭对话框，在原理图中显示断路器，如图 6-6 所示。

图 6-5　"属性（元件）：常规设备"对话框　　　　图 6-6　显示放置的元件

（2）插入双控开关

选择菜单栏中的"插入"→"符号"命令，弹出如图 6-7 所示的"符号选择"对话框，在"电气工程→线圈，触点和保护电路"中选择"W2 2 转换触点（2 位置），有断点"，单击"确定"按钮，单击鼠标左键放置转换开关。

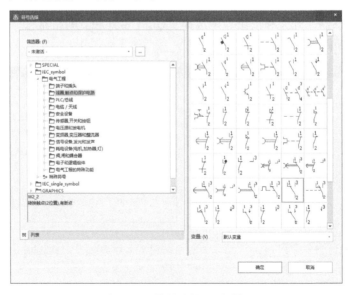

图 6-7　"符号选择"对话框

放置元件的同时自动弹出"属性（元件）：常规设备"对话框，在"显示设备标识符"栏输入"SA1"，单击"确定"按钮，关闭对话框，继续放置元件，按下〈Tab〉键，旋转元件，如图 6-8 所示。

　　使用同样的方法,插入"信号设备,发光和发声"中的"H 指示灯,常规"。

　　单击选中元件,按住鼠标左键进行拖动。将元件移至合适的位置后释放鼠标左键,即可对其完成移动操作。在移动对象时,可以通过滚动鼠标滚轮来缩放视图,以便观察细节。

　　选中元件的标注部分,单击鼠标右键,选择"属性文本"→"移动属性文本"命令,按住鼠标左键进行拖动,可以移动元件标注的位置。

　　采用同样的方法调整所有的元件,效果如图 6-9 所示。

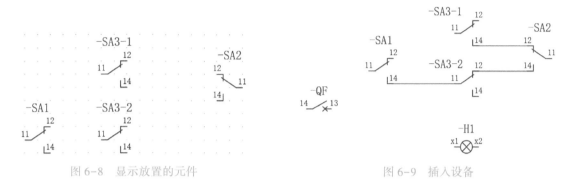

图 6-8　显示放置的元件　　　　　　　　　　　图 6-9　插入设备

（3）连接电路

　　选择菜单栏中的"插入"→"连接符号"→"角"命令、"T 节点",根据图纸要求进行元件布局,连接原理图,如图 6-10 所示。

　　选择菜单栏中的"插入"→"电位连接点"命令,在光标处于放置电位连接点的状态时按〈Tab〉键,旋转电位连接点连接符号,变换电位连接点连接模式,单击鼠标左键放置电位连接点 L、N,结果如图 6-11 所示。

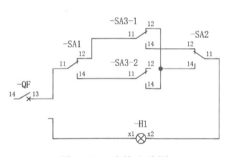

图 6-10　连接电路图　　　　　　　　　　　图 6-11　插入电位连接点

（4）绘制结构盒

　　单击"插入"选项卡"设备"面板中的"结构盒"按钮,在绘制适当大小结构盒,结果如图 6-12 所示。

　　单击"插入"选项卡的"图形"面板中的"路径功能文本"按钮,添加功能文本,最终完成的电路图如图 6-1 所示。

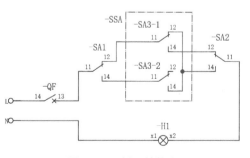

图 6-12　插入结构盒

实例 **30** 别墅有线电视系统图

本例绘制的别墅有线电视系统图如图 6-13 所示。

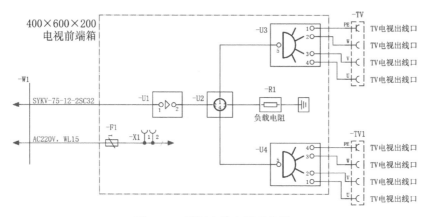

图 6-13 别墅有线电视系统图

 思路分析

弱电系统图表示了弱电系统中设备和元件的组成,以及元件和器件之间的连接关系,对指导安装施工有着重要的作用。

 知识要点

🌰 "黑盒"命令绘制电气元件符号
🌰 "电缆"命令绘制进户线

 绘制步骤

1. 设置绘图环境

(1)创建项目

选择菜单栏中的"项目"→"新建"命令,弹出"创建项目"对话框,在"项目名称"文本框下输入创建新的项目名称"Cable_TV_System",在"默认位置"文本框下选择项目文件的路径,在"基本项目"下拉列表中选择带 GB 标准标识结构的基本项目"GB_bas001.zw9"。

单击"确定"按钮,在"页"导航器中显示创建的新项目"Cable_TV_System.elk"。

(2)图页的创建。

在"页"导航器中选中项目名称,选择菜单栏中的"页"→"新建"命令,弹出"新建页"对话框。在"页类型"下拉列表中选择"单线原理图(交互式)","页描述"文本框输入图纸描述"有线电视系统图"。单击"确定"按钮,在"页"导航器中创建原理图页 2。

2. 绘制电气元件

(1)绘制信号放大器

1)绘制黑盒。单击"插入"选项卡的"设备"面板中的"黑盒"按钮 ,插入大小为 14×12 的黑盒 U1,如图 6-14 所示。

实例 30-1

实例 30-2

2）插入设备连接点。单击"插入"选项卡的"设备"面板中的"设备连接点"按钮🔲，将光标移动到黑盒边框上，单击鼠标左键确定连接点的位置，插入输入连接点，自动弹出"属性（元件）：常规设备"对话框，在"连接点代号"文本框输入 1。此时仍处于放置设备连接点状态，同样的方法，插入设备连接点 2，结果如图 6-15 所示。

图 6-14　插入黑盒　　　　　　　　　　图 6-15　插入设备连接点

（2）插入符号

选择菜单栏中的"插入"→"符号"命令，弹出"符号选择"对话框，如图 6-16 所示，选择"SPECIAL"中的"NDP 网络定义点（三角形）"，单击"确定"按钮，单击鼠标左键，在原理图中放置三角形符号，如图 6-17 所示。

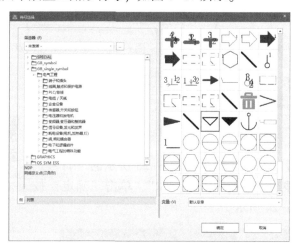

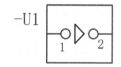

图 6-16　选择三角形符号图　　　　　　　　　　图 6-17　插入三角形符号

组合图形。选择整个图形，单击"编辑"选项卡"组合"面板中的"组合"按钮🔲，将绘制的黑盒与元件符号变为一个整体图符。

（3）绘制电视二分支器

1）绘制黑盒。单击"插入"选项卡的"设备"面板中的"黑盒"按钮🔲，插入大小为 12×12 的黑盒 U2。

单击"插入"选项卡的"图形"面板中的"圆"按钮⊙，在黑盒内绘制圆，设置颜色为蓝色，结果如图 6-18 所示。

图 6-18　插入黑盒

2）插入设备连接点。单击"插入"选项卡的"设备"面板中的"设备连接点"按钮🔲，将光标移动到黑盒边框上，单击鼠标左键确定连接点的位置，插入输入连接点，自动弹出"属性（元件）：常规设备"对话框，在"连接点代号"文本框输入 1，选择"DCPOL"。此时仍处于放置设备连接点状态，使用同样的方法，插入设备连接点 2、3、4，结果如图 6-19 所示。

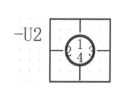

图 6-19　插入设备连接点

3）组合图形。选择整个图形，单击"编辑"选项卡"组合"面板中的"组合"按钮■，将绘制的黑盒与元件符号变为一个整体图符。

（4）绘制电视天线四分器

1）绘制黑盒。单击"插入"选项卡的"设备"面板中的"黑盒"按钮■，单击确定黑盒的角点，再次单击确定另一个角点，确定插入黑盒 U3，如图 6-20 所示。

单击"插入"选项卡的"图形"面板中的"扇形"按钮◯和"直线"按钮■，在黑盒内绘制封闭半圆，设置颜色为蓝色，结果如图 6-21 所示。

2）插入设备连接点。单击"插入"选项卡的"设备"面板中的"设备连接点"按钮■，将光标移动到黑盒边框上，移动光标，单击鼠标左键确定连接点的位置，插入输入连接点 1、2、3、4、5，结果如图 6-22 所示。

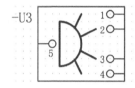

图 6-20　放置符号　　　　图 6-21　绘制图形　　　　图 6-22　插入设备连接点

3）组合图形。选择整个图形，单击"编辑"选项卡"组合"面板中的"组合"按钮■，将绘制的黑盒与元件符号变为一个整体图符。

3. 插入电气元件

（1）插入负载电阻（弱电进户线）

实例 30-3

选择菜单栏中的"插入"→"符号"命令，弹出如图 6-23 所示的"符号选择"对话框，在"电气工程→电子和逻辑组件"中选择"R"，单击"确定"按钮，单击鼠标左键放置电阻 R1，如图 6-24 所示。

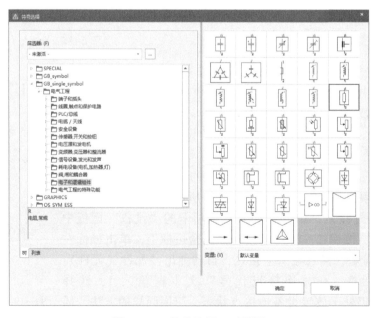

图 6-23　"符号选择"对话框

（2）插入其余元件

选择菜单栏中的"插入"→"符号"命令，弹出"符号选择"对话框，选择对应符号，插入熔断器（法）、插座（XBD）、电视出线口插座（XU4），结果如图 6-25 所示。

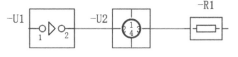

图 6-24　显示放置的元件

选择菜单栏中的"插入"→"连接符号"→"角"、"T 节点"命令，根据图纸要求连接原理图，如图 6-26 所示。

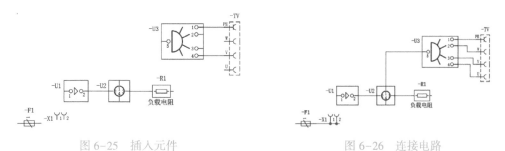

图 6-25　插入元件　　　　　　　　　图 6-26　连接电路

（3）连接电路

选择菜单栏中的"插入"→"符号"命令，弹出"符号选择"对话框，在"电气工程的特殊功能"中选择接地符号"ERDE"，在原理图中插入接地，结果如图 6-27 所示。

选择菜单栏中的"插入"→"连接符号"→"中断点"命令，在图纸中单击插入中断点，如图 6-28 所示。

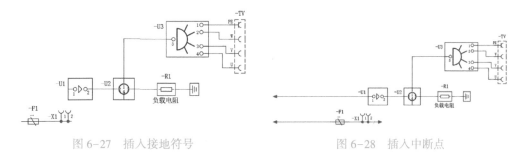

图 6-27　插入接地符号　　　　　　　图 6-28　插入中断点

（4）定义进户线

单击"插入"选项卡的"电缆/导线"面板中的"电缆"按钮▦，此时光标变成交叉形状并附加一个电缆符号▦，单击鼠标左键确定插入电缆。电缆插入完毕，按右键"取消操作"命令或〈Esc〉键即可退出该操作。

🔔注意

有线电视系统图包含两条进户线，需要通过连接定义点定义。一条弱电为 SYKV-75-12-2SC32，表示聚乙烯藕状介质射频同轴电缆，绝缘外径为 12 mm，特性阻抗为 75 Ω，两根钢管配线，钢管直径为 32 mm；一条强电为 AC220 V，WL15，表示交流电源为 220 V，第 15 条照明回路。

双击电缆与连接线的连接定义点，弹出"属性（全局）：连接定义点"对话框，在"截面积/直径"中输入电缆参数"SYKV-75-12-2SC32"。

打开"显示"选项卡，在"属性排列"列表中选择"连接：截面积/直径"，在右侧列表中"字号"选项下选择"2.50 mm"，在"隐藏"选项下选择"否"，如图 6-29 所示，单击

"确定"按钮，关闭对话框，结果如图 6-30 所示。

图 6-29　属性设置对话框

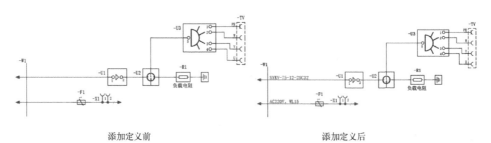

图 6-30　插入电缆

单击"编辑"选项卡的"图形"面板中的"镜像"按钮▲，镜像另一端电视天线四分器及电视出线口模块，选择镜像线时按下〈Ctrl〉键，保留源对象，结果如图 6-31 所示。

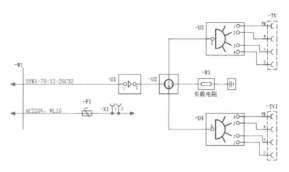

图 6-31　图形镜像

（5）绘制虚线框

单击功能区"插入"面板中的"结构盒"按钮▣，弹出"属性（元件）：结构盒"对话框，进行下面的设置，如图 6-32 所示。利用位置盒表示绘制电视前端箱虚线框，结果如图 6-33 所示。

- 在"属性"列表"铭牌文本"选项中输入"电视前端箱"，"技术参数"选项中输入"400×600×200"。

- 打开"显示"选项卡，设置"铭牌文本"、"技术参数""字号"为"3.50 mm"，

图 6-32　"属性（元件）：结构盒"对话框

（6）添加文字说明

单击"插入"选项卡的"图形"面板中的"文本"按钮 T，弹出"属性（文本）"对话框，设置"字号"为"2.50 mm"，添加文字说明，如图 6-13 所示。至此完成系统图的绘制。

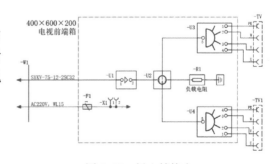

图 6-33　插入结构盒

参 考 文 献

[1] 赵月飞,等. AutoCAD 2010 中文版电气设计完全实例教程 [M]. 北京:化学工业出版社,2010.

[2] 王建华. 电气工程师手册 [M]. 3 版. 北京:机械工业出版社,2018.

[3] 段荣霞,李楠,濮霞. 电工实用知识全解 [M]. 北京:电子工业出版社,2012.

[4] 孙克军. 电工手册 [M]. 3 版. 北京:化学工业出版社,2016.

[5] 邱勇进. 电工基础 [M]. 北京:化学工业出版社,2016.

[6] 段荣霞,李楠. 电气工程师自学速成:进阶篇 [M]. 北京:人民邮电出版社,2021.

[7] 段荣霞,濮霞,董盼盼. 电气工程师自学速成:入门篇 [M]. 北京:人民邮电出版社,2021.

[8] 郭汀. 新编电气图形符号标准手册 [M]. 北京:中国标准出版社,2005.

[9] CAD/CAM/CAE 技术联盟. AutoCAD 2020 中文版电气设计从入门到精通 [M]. 北京:清华大学出版社,2020.

[10] 张彤,张文涛,张攒. EPLAN 电气设计实例入门 [M]. 北京:北京航空航天大学出版社,2014.